锆英石固化锕系核素特性及机理

卢喜瑞　崔春龙　易发成

袁　勋　张　东　伍建军　著

科学出版社

北　京

内 容 简 介

本书系统地介绍了高放废物固化处理现状、锆英石的结构及性质、岩浆成因锆英石特性及 γ 射线辐照效应、变质成因锆英石特性及 γ 射线辐照效应、人造锆英石的制备及 γ 射线辐照效应、锆英石基三价锕系模拟核素固化体特性及稳定性、锆英石基四价锕系模拟核素固化体特性及稳定性等。本书步骤描述具体细致，实验过程系统完整，全书图文并茂、数据详尽，具有较强的指导性和可操作性。本书理论论证科学、实践性强，及时、准确地反映了国内外在该领域的最新研究成果。

本书适合环境工程、矿物学、材料科学、地质类的本科生和研究生学习，也可供相关专业的教学与科研人员参考。

图书在版编目(CIP)数据

锆英石固化锕系核素特性及机理/卢喜瑞等著. —北京:科学出版社，2017.9（2018.12 重印）
ISBN 978-7-03-054293-9

Ⅰ.①锆… Ⅱ.①卢… Ⅲ.①锆铪矿物–锕系化合物–放射性废物处理–研究 Ⅳ.①TL942

中国版本图书馆 CIP 数据核字（2017）第 213423 号

责任编辑：张 展 黄 桥/责任校对：韩雨舟
责任印制：罗 科 / 封面设计：墨创文化

科 学 出 版 社 出版
北京东黄城根北街16 号
邮政编码：100717
http://www.sciencep.com

成都锦瑞印刷有限责任公司印刷
科学出版社发行 各地新华书店经销
*

2017 年 9 月第 一 版 开本：787×1092 1/16
2018 年 12 月第二次印刷 印张：8
字数：200 千字
定价：58.00 元
（如有印装质量问题，我社负责调换）

序

　　20 世纪以来，能源短缺和环境污染已成为人类面临的两大难题。核能作为一种经济高效、清洁安全的能源在解决了能源危机的同时极大地推动了社会进步，被认为是人类最伟大的成就之一。核能的成功利用标志着一个新能源时代的到来，也成为衡量一个国家综合实力的重要标志之一。大力发展核技术也具有重大战略意义，其在军事、科研、医疗、农业等领域也扮演着越来越重要的角色。如同其他科学技术一样，核技术的高速发展也随之产生一些带有放射性的废物，这些放射性废物具有放射性强、毒性大、半衰期长、释热率高等特点，不能通过简单的物理化学方法进行消除，大大增加了其处理难度。但如果这些放射性废物得不到安全有效地处理，将会对人类赖以生存的自然环境构成潜在的威胁。如何妥善安全地将这些放射性废物与人类生存环境隔离成为全世界高度关注的话题。

　　将高放废物固化进入稳定的惰性基材是目前国际上普遍认同的高放废物安全处理途径之一。天然锆英石含有一定放射元素 U 和 Th，能在自然界中稳定存在数亿年甚至更长的时间，被认为是固化高放废物的理想载体之一，对于高放废物的锆英石固化成为目前高放废物固化处理研究的热点之一。卢喜瑞博士等在《锆英石固化锕系核素特性及机理》一书中，主要介绍了高放废物特性、固化处理研究现状及锆英石相关内容，基于多项课题研究工作，以天然和人工锆英石基模拟核素固化体为研究对象，对锆英石矿物固化锕系核素的特性及机理进行了深入研究。全书观点鲜明、逻辑清晰、结构严谨，涉及高放废物固化处理现状、锆英石的结构及性质、岩浆及变质成因锆英石的结构演变及 γ 射线辐照效应、锆英石及其人造锕系模拟核素固化体特性及稳定性等。

　　《锆英石固化锕系核素特性及机理》一书是作者和他的团队在多年深入系统研究中形成的，集成了天然锆英石及人造锆英石固化锕系模拟核素多年以来的研究成果，数据可靠、信息详尽。同时，该专著内容丰富、资料翔实、图文并茂、实用性强，有利于从事放射性废物处理处置相关业内人士、广大同行的相互学习交流。这本专著的出版，将会对相关领域人士提供有益帮助，我十分乐意向广大同行和读者推荐这本专著。

2017 年 8 月 21 日

前　言

根据我国《能源发展战略行动计划(2014—2020)》，预计到 2020 年我国在运行核电机组将达到 5800 万千瓦，在建 3000 万千瓦，在建规模占世界总量的 40%。核技术应用的快速发展对高放废物的后处理提出了较高要求，但我国后处理能力相对比较滞后，与法、俄等世界核大国相比具有明显差距。在世界核大国中，法国拥有完整且全面的后处理产业体系，俄罗斯正在进行后处理示范工程的建设与大厂规划，日本六个厂即将热运行，英国所有气冷堆的乏燃料均能自己处理，即使是印度也在不断增强其后处理能力。美国实行的虽是一次通过策略，对乏燃料进行长期暂存，但美国一直保持着强大的后处理科研能力。后处理能力的相对滞后，不仅与我国的核大国地位不符，而且还会在一定程度上制约核电的发展。

高放废物(high level waste, HLW)是现存核废物中最难处理的废物形式之一，主要以高放废液(废水)的形式存在。高放废物的体积虽不足核燃料循环所产生放射性废物体积的 1%，但其所含放射性超过核燃料循环放射性总量的 99%。放射性强(如冷却后生产堆高放废液：β-γ 放射性 $10^{11} \sim 10^{13}\,Bq/L$、$\alpha$ 放射性 $10^{10} \sim 10^{11}\,Bq/L$；冷却后动力堆高放废液：$\beta$-$\gamma$ 放射性 $10^{13} \sim 10^{15}\,Bq/L$、$\alpha$ 放射性 $10^{12} \sim 10^{13}\,Bq/L$)、半衰期长(如 ^{237}Np 为 $2.14 \times 10^6\,a$，^{239}Pu 为 $2.4 \times 10^4\,a$，^{243}Am 为 $7.4 \times 10^3\,a$，^{247}Cm 为 $1.67 \times 10^7\,a$)、生物毒性大(如 ^{237}Np 属高毒性、^{239}Pu 属毒性、^{241}Am 属极毒性等)和释热率高(早期发热率可达 $20W/L$)的锕系核素(actindes, $^{233 \sim 235,238}U$、^{237}Np、$^{239 \sim 241}Pu$、$^{241,243}Am$、^{242}Cm 等)是高放废液的主要成分。多数锕系核素本身不稳定，可衰变释放出高能粒子(如 α 粒子为 $4 \sim 6MeV$)，生成次锕系核素(minor actinides, ^{237}Np、^{241}Am、^{243}Am、^{247}Cm)。虽然所生成的次锕系核素种类较少，但由于其具有较长的半衰期，大多数次锕系核素又是 α 辐射体，成为核废物处理处置中需要重点考虑的关键核素。同时，高放废液存在核素种类多、波动性大等特点，这对高放废液玻璃固化或人造矿物(岩石、陶瓷)固化候选基材的包容性(固溶度高)、适应性(多核素、多组分)与长期安全稳定性(机械、化学与辐照稳定性等)提出了苛刻的要求，如何对高放废物进行安全处理处置也成了世界性难题。

在过去几十年中，研究学者将硼酸盐玻璃、磷酸盐玻璃和硅酸盐玻璃等作为高放废物固化载体进行了大量研究，并在工程上取得了较大的成功。然而，玻璃在承受一段时间辐照后会出现气泡(He)；同时，玻璃属于介稳相，在数百摄氏度高温和潮湿环境下，将变得不稳定、浸出率迅速上升，这要求对处置库做降温和去湿处理以保证固化体的安全，但处理成本无疑会大大增加；玻璃固化体在一些偶然因素下碎裂或粉化，也将导致浸出率的大幅升高；因此其稳定性倍受质疑。人造岩石(矿物)(synthetic rock,

SYNROC)被认为是第二代固化高放废物的理想介质材料，寻找机械与化学长期稳定性好、抗辐照能力强、固溶量大的介质材料，成为近年来高放废物处理处置研究的前沿和热点问题之一。其中，锆英石因其独特的结构、理化等性能，被认为是较有潜力的固化基材之一。

本书以天然和人工锆英石基模拟核素固化体为研究对象，以锆英石固化锕系核素的特性及机理为研究重点，采集并从岩浆岩[(11.01±0.24)～(2256±35)Ma]和变质岩[(776±10)～(2515±6)Ma]中分选出天然锆英石矿物，采用高温固相反应法制备了锆英石及其模拟核素固化体样品，利用 ^{60}Co 源 γ 射线辐射装置分别对以上天然和人工固化体开展 γ 射线辐照研究。借助偏反多功能显微镜、阴极发光、背散射电子、电子探针、粉末 X 射线衍射、激光拉曼光谱、红外光谱、扫描电镜、电感耦合等离子质谱等多种表征手段对天然样品产出的地质背景进行了研究，并对 γ 射线辐照前后样品的物相结构、微观形貌、化学成分进行观察与分析，对固化体中的模拟核素浸出行为进行了讨论和研究。

本书的研究是在国家自然科学基金委员会-中国工程物理研究院联合基金(含核素天然矿物材料的晶格畸化及其稳定性研究，10676030)、核废物与环境安全国防重点学科实验室专职科研创新团队建设基金重点项目(放射性核废物处理材料研究，14tdhk01)、核废物与环境安全国防重点学科实验室开放基金(锆石基含 Pu 废物固化体的微波固核机理研究，11zxnk09)的资助下开展的一系列研究工作。卢喜瑞负责全书的统稿，袁勋、卢喜瑞、伍建军撰写第 1、2 章，崔春龙、卢喜瑞撰写第 3 章，易发成、卢喜瑞撰写第 4 章，张东、卢喜瑞撰写第 5 章，卢喜瑞、崔春龙、袁勋撰写第 6、7 章。伍建军、杨景贤负责本书中所有图、表的加工和整理，并对全书的统编、编排做了大量的加工工作。

本书的出版恰逢核废物与环境安全国防重点学科实验室成立十周年，谨以此书感谢实验室对研究工作的支持。同时，本书的很多工作获得了环境友好能源材料国家重点实验室(筹)、四川省军民融合研究院、中国工程物理研究院核物理与化学研究所、中国地质科学院矿产资源研究所矿物学与微束分析实验室、川西北地质队、天津地质矿产研究所和河北区域地质矿产调查研究所的支持，作者对给予书中研究提供过帮助的相关单位和同仁表示最衷心的感谢。

核废物固化处理的相关知识体系繁杂庞大，由于作者的水平及知识有限，书中难免存在疏漏，恳请读者批评指正。

作者

2017 年 5 月

目　　录

第1章　高放废物固化处理概述

　　人类在对核技术的开发和利用过程中，不可避免地要产生一定的放射性废物，如果这些放射性废物得不到安全而有效的处理和处置，不仅会影响和制约整个核工业的健康发展，甚至会对人类的生存环境和生命健康构成潜在威胁。尤其在 2011 年的日本福岛核事故以后，核技术的安全应用与核废物的安全处理处置等已成为全世界高度关注的话题。根据我国《能源发展战略行动计划（2014—2020）》，预计到 2020 年我国在运行核电机组将达到 5800 万千瓦，在建 3000 万千瓦，届时在建规模约占世界总量的 40%。因此，对于核废物的安全处理处置成为我们当前和今后面临的一项艰巨任务。

　　高放废物是现存核废物中最难处理的废物形式之一，它主要以废液（废水）的形式存在。虽然高放废物的体积不足核燃料循环所产生放射性废物总体积的 1%，但其所含放射性超过核燃料循环放射性总量的 99%[1]。放射性强、半衰期长、生物毒性大和释热率高的锕系核素是高放废液的主要成分，而多数锕系核素本身不稳定，可衰变释放出高能粒子生成次锕系核素。虽然生成的次锕系核素种类相对较少，但由于其具有很长的半衰期，并且大多数次锕系核素又是 α 辐射体，对人类与生态环境构成了较大的威胁，因此而成为核废物处理与处置中需要重点考虑的关键核素。同时，高放废物存在核素种类多、核素组分波动大等特点，这些对高放废物玻璃固化或人造矿物（岩石、陶瓷）固化候选基材的包容性（固溶度高）、适应性（多核素、多组分）与长期安全稳定性（机械与化学、辐照稳定）提出了较高的要求[2]。

　　在过去几十年中，硼硅酸盐等玻璃固化高放废物虽然在工程上取得了较大的成功，但由于玻璃自身的缺陷（亚稳相）以及玻璃固化体在自然界中尚未发现包容放射性核素的类似矿物，无法对其稳定性进行天然类比研究，缺乏其长期辐照稳定性等佐证，因此对其长期稳定性产生了质疑[3]。人造矿物被认为是第二代固化高放废物的理想介质材料[2,4]，是锕系核素固化处理较理想的介质材料。因此，寻找机械与化学长期稳定性好、抗辐照能力强、固溶量大、适应多核素的固化介质材料，成为近年来高放废物处理处置研究的前沿和热点之一。

　　本章对放射性废物的特点、分类及来源，放射性废物的管理原则及内容，高放废物的处理策略及方法，高放废物矿物固化基材的研究概况进行了简要介绍。

1.1　放射性废物简介

1.1.1　放射性废物的特点

放射性废物为含有放射性核素或被放射性核素所污染，其放射性核素的浓度或活度大于审管机构确定的清洁解控水平，并且预期不再使用的物质。放射性废物与其他有害物质或一般废物不同，它的危害作用不能通过化学、物理或生物的方法消除，而只能通过自身衰变或核反应嬗变等方法来降低其放射性水平，最后实现无害化。尽管放射性废物有多种存在形式，但却拥有一些共同的特点，如：

(1)含有放射性物质：它们的放射性不能用一般的物理、化学和生物方法消除，只能靠放射性核素自身的衰变而减少。

(2)射线危害：放射性核素释放出的射线通过物质时将会发生电离和激发作用，进而对生物体造成辐射损伤。

(3)热能释放：放射性核素通过衰变释放出能量，当废物中放射性核素含量较高时，这种能量的释放会导致废物的温度不断上升。

放射性废物除拥有放射性、放射毒性和化学毒性等主要特点外，部分放射性废物还具有发热性、易燃性、易爆性和释放有害气体等特点。

1. 放射性废物中核素的组成

根据反应堆中放射性核素的生成方式，可将放射性废物中的核素分为裂变产物、活化产物和锕系核素三类[5]：①裂变产物：是核燃料中的元素原子核受中子轰击后而产生的裂变碎片。②活化产物：由堆内的结构材料、冷却剂或燃料包壳俘获中子而产生。③锕系核素：由铀俘获中子而产生。

2. 放射性废物的放射性

放射性废物的放射性主要来自以下两类核素：

(1)由反应堆中的裂变、俘获、活化等反应生成的裂变产物、超铀核素和放射性同位素而产生的放射性。该类核素的放射性活度约占核废物总放射性活度的99%。

(2)铀及其衰变子体的天然放射性。其活度相对较小，尤其当铀经过纯化、精制后，已将所含的钍、镭(γ放射体)大量去除，核废物的放射性活度将随时间的推移而逐渐减小。

3. 放射性废物的放射毒性

当放射性物质进入人或动物体内，由于辐射生物效应而产生的毒害特性称为放射毒性。它主要取决于放射性活度和射线辐射种类。根据我国国家标准《辐射防护规定》

(GB8703—1988)的辐射防护规定,按照各种放射性核素的辐射种类和能量、物理化学性质、沉积的器官和部位、半衰期及在器官内停留的时间等因素,把它们分为:极高放射毒性核素、高放射毒性核素、中等放射毒性核素和低放射毒性核素四组,详细分组信息见表 1-1 所示。

表 1-1 放射性核素毒性分组

毒性组别	核素例子	说明
极高放射毒性核素(极毒组)	^{210}Pb、^{226}Ra、^{233}U、^{237}Np、^{241}Am、^{243}Am、Pu、Cm、Cf 等	都是高能量 α 放射体,多数具有长半衰期
高放射毒性核素(高毒)	天然钍、^{60}Co、^{90}Sr、^{131}I、^{134}Cs、^{144}Ce 等	除钍外,几乎都是强 β、γ 放射体
中等放射毒性核素(中毒)	^{24}Na、^{32}P、^{55}Fe、^{58}Co、^{63}Ni、^{89}Sr、^{137}Cs 等	—
低放射毒性核素(低毒)	天然铀、^{235}U、^{238}U、^{3}H、^{85}Kr 等	—

放射性废物与其他废物及其他有毒、有害物质主要有两大不同:一是放射性废物中放射性的危害作用不能通过化学、物理或生物的方法来消除,而只能通过其自身固有的衰变规律降低其放射性水平,最后达到无害化。通常,大约经过 10 个半衰期以后,其放射毒性水平可降至原有的 1/1000;经过 20 个半衰期后,可降至原有的 $1/10^6$。二是放射性废物中的核素不断地发出各种放射线,可通过各种灵敏的仪器对其进行探测,所以容易发现它的存在和判断其危害程度,即可探测性[6]。

1.1.2 放射性废物的分类

为了对放射性废物进行安全、经济、科学的管理,以实现废物的最小化,必须对放射性废物进行合理的分类。一个理想的放射性废物分类体系应该符合以下几个基本条件[7]:

(1)满足安全管理放射性废物的要求,保护当代和后代健康,保护环境。

(2)符合国家法律和法规要求。

(3)不对废物产生者和国家增加不适当的负担。

(4)具有现实可行的技术基础。

(5)适合有关部门的实施,具有可操作性。

(6)为公众所接受。

(7)与国际放射性废物分类体系相接轨。

目前,根据放射性废物性质的不同,如物理和化学形态、放射性水平、半衰期、放射性废物来源、辐射类型、处置方式、毒性、释热性等,都可以作为对放射性废物进行分类的依据,部分分类情况如下所述。

1. 按物理形态分类

根据物理状态的不同,可将放射性废物划分为放射性固体废物、放射性液体废物和放射性气载废物三类[8],如表 1-2 所示。

表 1-2　按物理形态对放射性废物的分类[6]

类别	举例
放射性固体废物	如可燃性废物、不可燃性废物；可压缩废物、不可压缩废物；干固体废物、湿固体废物等
放射性液体废物	如放射性废水、含氚废水、有机废液等
放射性气载废物	大气中放射性核素，如通风排气、工艺废气等

　　根据废物中的放射性浓度（或比活度）首先来确定是否属于放射性废物后，放射性固体废物、放射性液体废物和放射性气载废物可按放射性的浓度和水平划分成不同的等级，具体如下：

　　(1)放射性固体废物：对于放射性固体废物首先按废物中半衰期最长的核素来进行划分，然后再按照废物的放射性比活度来区分等级。对于比活度小于或等于 7.4×10^4 Bq/kg 的废物划分为非放射性固体废物，而大于 7.4×10^4 Bq/kg 时则划分为放射性固体废物（不包括放射性尾矿和污染废物），在放射性固体废物这个分类体系下，按其所含寿命最长的放射性核素的半衰期进行分级分类，详见表 1-3～表 1-6 所示。

表 1-3　放射性固体废物的分级（寿命最长核素 $T_{1/2} \leqslant$ 60d）

放射级别	半衰期($T_{1/2}$)	比活度(A_m)/(Bq/kg)
第 I 级	$T_{1/2} \leqslant$ 60d	$7.4 \times 10^4 < A_m \leqslant 3.7 \times 10^7$
第 II 级	$T_{1/2} \leqslant$ 60d	$3.7 \times 10^7 < A_m \leqslant 3.7 \times 10^{11}$
第 III 级	$T_{1/2} \leqslant$ 60d	$A_m > 3.7 \times 10^{11}$

表 1-4　放射性固体废物的分级（寿命最长核素 60d$< T_{1/2} \leqslant$ 5a，包括 ^{60}Co）

放射级别	半衰期($T_{1/2}$)	比活度(A_m)/(Bq/kg)
第 I 级	60d$< T_{1/2} \leqslant$ 5a	$7.4 \times 10^4 < A_m \leqslant 3.7 \times 10^6$
第 II 级	60d$< T_{1/2} \leqslant$ 5a	$3.7 \times 10^6 < A_m \leqslant 3.7 \times 10^{11}$
第 III 级	60d$< T_{1/2} \leqslant$ 5a	$A_m > 3.7 \times 10^{11}$

表 1-5　放射性固体废物的分级（寿命最长核素 5a$< T_{1/2} \leqslant$ 30a，包括 ^{137}Cs）

放射级别	半衰期/$T_{1/2}$	比活度(A_m)/(Bq/kg)
第 I 级	5a$< T_{1/2} \leqslant$ 30a	$7.4 \times 10^4 < A_m \leqslant 3.7 \times 10^6$
第 II 级	5a$< T_{1/2} \leqslant$ 30a	$3.7 \times 10^6 < A_m \leqslant 3.7 \times 10^{10}$
第 III 级	5a$< T_{1/2} \leqslant$ 30a	$A_m > 3.7 \times 10^{11}$

表 1-6　放射性固体废物的分级（寿命最长核素 30a$< T_{1/2}$，包括 ^{137}Cs）

放射级别	半衰期/$T_{1/2}$	比活度(A_m)/(Bq/kg)
第 I 级	30a$< T_{1/2}$	$7.4 \times 10^4 < A_m \leqslant 3.7 \times 10^6$
第 II 级	30a$< T_{1/2}$	$3.7 \times 10^6 < A_m \leqslant 3.7 \times 10^9$
第 III 级	30a$< T_{1/2}$	$A_m > 3.7 \times 10^9$

(2)放射性液体废物：当废液的放射性浓度低于 $DIC_{公众}$ 的划分为非放射性液体废物，其详细分级如表1-7所示。

表 1-7　放射性液体废物的分级

级别	放射性浓度 (A_v)/(Bq/L)
第Ⅰ级	$DIC_{公众} < A_v \leqslant 3.7 \times 10^2$
第Ⅱ级	$3.7 \times 10^2 < A_v \leqslant 3.7 \times 10^5$
第Ⅲ级	$3.7 \times 10^5 < A_v \leqslant 3.7 \times 10^9$
第Ⅳ级	$A_v > 3.7 \times 10^9$

(3)放射性气载废物：包括放射性气体、气溶胶等。当放射性浓度小于或等于 $DAC_{公众}$ 的划分为非放射性气载废物，其详细划分等级如表1-8所示。

表 1-8　放射性气载废物的分级

级别	放射性浓度 (A_v)/(Bq/L)
第Ⅰ级	$DAC_{公众} < A_v \leqslant 1 \times 10^4 DAC_{公众}$
第Ⅱ级	$1 \times 10^4 DAC_{公众} < A_v \leqslant 1 \times 10^8 DAC_{公众}$
第Ⅲ级	$A_v > 1 \times 10^8 DAC_{公众}$

2. 按放射性水平分类

放射性物质的放射性水平可用比活度（固体废物）和放射性浓度（气载废物、液体废物）来表示，其物理意义为单位质量（固体）或单位体积（液体、气体）物体的放射性活度，度量单位为 Bq/kg、Bq/m³ 或 Bq/L。按放射性水平不同，可将放射性废物分为高放废物（HLW）、中放废物（ILW）和低放废物（LLW）三大类。高放废物是放射性核素的含量或浓度高、释热量大、操作和运输过程中需要特殊屏蔽的放射性废物。中放废物是指放射性核素的含量或浓度及释热量虽然低于高放废物，但在正常操作和运输过程中需要采取屏蔽措施的放射性废物。低放废物是指放射性核素的含量或浓度较低，在正常操作和运输过程中通常不需要屏蔽的放射性废物，其详细划分如表1-9所示。

表 1-9　按放射性水平对放射性废物的分类[9]

类别	说明
低放废物	包括绝大部分退役废物，核反应堆中的去污水、循环冷却水，医疗和科研用被污染动物的尸体、器官、选矿水，核设施地面排水、洗涤水，放射性废气和气溶胶，污染的塑料、玻璃、劳保用品等
中放废物	主要来自核反应堆、乏燃料后处理第二次和第三次循环溶解萃取液、净化溶剂废液、洗涤废气的废液、去污泥浆和低放废液的浓缩液等
高放废物	包括不予处理的乏燃料，乏燃料后处理第一循环萃取废液，或随后萃取循环的浓缩废物等

3. 按处置方式分类

放射性废物按处置方式的不同可将其划分为免管废物、可清洁解控废物、近地表处置废物以及地质处置废物,详细分类见表 1-10 所示。

表 1-10　按处置方式对放射性废物的分类[9]

类别	说明
免管废物	对公众成员年剂量低于 0.01mSv,对公众的年集体剂量不超过 1 人·Sv 的含极少放射性核素的废物
可清洁解控废物	审管部门规定的以活度浓度和(或)总活度表示的值,等于或低于该值时,辐射源可以不再受审管部门的管理控制
近地表处置废物	将低中放废物埋于地表面、近地表或地表下几十米的洞穴中
地质处置废物	在深几百米的稳定地层中,采用工程屏障和天然屏障相结合的多重屏障隔离体系将高放射性废物和废废物与人类生物圈长期、安全隔离的处置方式

此外,放射性废物按来源可将其划分为核燃料循环废物、核技术利用废物、退役废物、铀(钍)伴生矿废物等;按照半衰期分类可划分为长寿命废物、短寿命废物等;按照辐射类型可分为 β/γ 放射性废物、α 废物等;按照释热性可分为高发热废物、低发热废物、微发热废物等。还有按剂量率、同位素组分分类等诸多分类方法。

1.1.3　放射性废物的来源

放射性废物产生于核工业运行的各个环节(图 1-1),其来源主要有地质勘探、铀矿开采、选矿和矿石加工、铀的精制、转化、同位素分离和燃料元(组)件制造、核电厂和其他核反应堆的运行、核燃料后处理厂的运行、核设施的退役、放射性同位素的生产和应用等方面。若按放射性总活度计算,在核工业运行中所产生的放射性废物,其 99% 来自核燃料后处理厂。

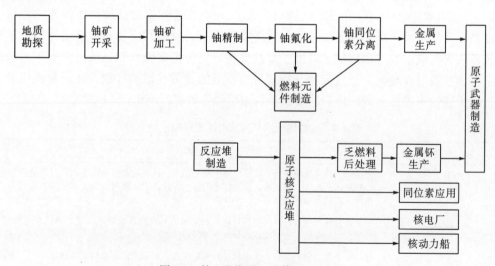

图 1-1　核工业主要工艺体系示意图

1. 地质勘探、铀矿开采、选矿和矿石加工

铀是最基本的核燃料,其化学性质比较活泼,它的氧化价态有 +3、+4、+5 和 +6

共四种,在自然界中比较稳定的氧化态是+4和+6。铀在自然界中不以单质和硫化物形式存在,通常以氧化物、磷酸盐、钒酸盐、硅酸盐和碳酸盐等矿物形式存在。目前,已知的铀矿物有200余种,其中具有工业开采价值的约20多种。据已探测资料,世界铀产量最多的国家是澳大利亚、加拿大和哈萨克斯坦,三国拥有的铀资源约占世界已探明的铀储量的60%。海水中也含有铀,其浓度随海水中盐的总浓度和海水深度而增加,平均浓度为3.3μg/L,海水提铀目前尚处于研究开发阶段。

随着核能的开发和应用,富铀矿资源正不断减少,目前对四等和五等矿石也都开始进行了开采。我国开采的铀矿床一般都规模不大,品位不高,矿体小而分散。铀矿传统开采方式主要有地下开采和露天开采两种。其开采过程中主要辐射危害来自氡及其子体而导致的内照射、铀尘内照射和矿石的γ/β外照射,并且地下开采比露天开采内照射大。铀矿开采产生的废物主要是废石,其次是废气和废水。废石和尾矿中含铀和铀系衰变子体,其放射性核素的含量比本底高2~3个量级。铀矿冶废物中除存在放射性核素危害作用外,经常还存在非放射性(如酸、碱)危害作用,主要如下。

1)废石

铀矿品位大多比较低,每吨铀矿含铀小于1kg,最多只含几千克铀,在对铀矿的采矿和选矿过程会产生大量的废石。露天采矿一般开采1t铀矿石会产生4~6t废石,有时高达6~8t。地下采掘的方法产生的废石相对要少得多,开采1t铀矿石,大概要产生0.5~1.2t废石。

在选矿过程中也要产生一定的废石。为了减少远距离运输废石和减少废石的处理量,通常采用放射性选矿法(简称放选法)在矿场把废石挑拣出来,把精矿石送到水冶场进行加工处理,放选法选出的废石率通常为15%~30%。废石中含铀量通常为$1×10^{-4}$~$3×10^{-4}$g/g,比正常土壤天然本底高4~10倍。废石中含镭量为1.8~54kBq/kg,比正常土壤天然本底高1.5~25倍。废石表面γ辐照剂量率为$77×10^{-8}$~$200×10^{-8}$Gy/h,比正常地面天然本底高3~15倍。废石表面氡析出率为$7×10^{-2}$~$200×10^{-2}$Bq/(m²·s),比正常地面平均氡析出率高5~70倍[10]。废石会不断析出氡气,经过风化侵蚀作用,部分废石会形成放射性粉尘,通过雨水的浸渍会污染土壤甚至水体、空气。

2)废气

在铀矿石的开采活动中,除了会释放出一般矿井所含有的有毒有害物质(如矿尘、SiO_2、CO、H_2S、SO_2、NO_2等)外,还会在铀矿的凿岩和爆破、矿石装卸和运输过程中产生铀矿尘,这些矿尘沉落在岩壁、巷道内,由于爆破、通风等原因再次飞扬起来,造成二次污染。从生产巷道、崩落岩石堆、矿井的水中、采空区的岩体和矿体中析出的氡及其子体的放射性危害也很大。

3)废水

铀矿山在开采过程中也会产生大量的废水,主要有矿体渗出流水、凿岩作业水以及雨淋水等露天开采废水。有源于矿体的涌水、矿脉裂隙水、地标渗透水、洗壁水、除尘降温水的地下采矿废水，还有露天堆放的铀矿石受雨淋和喷雾洒水形成的废水以及运矿车辆(汽车、火车)冲洗而产生的废水。由于铀矿山废水里可能含有一定量的放射性物质，尤其是酸性水质中会含有较多的铀、镭，经露天水源稀释后，有可能超过饮用水标准。

2. 铀的精制、转化、同位素分离和燃料元(组)件制造

铀水冶厂生产的粗产品"黄饼"或 U_3O_8，含有相当量的杂质，其中很多是中子毒物，因而不能直接用于制作反应堆燃料，必须进一步纯化以达到要求的核纯度。这个过程称为铀精制。铀精制过程产生的废物是含有天然放射性核素(主要是铀)的低放废物，数量不大。铀转化所产生的废物主要是固体 CaF_2，此外还有含 CaF_2、$Ca(OH)_2$ 和少量铀的泥浆废物。CaF_2 含量很低，但体积较大，符合清洁解控者经省管部门批准可做一般工业废物处理。燃料原件制造厂的工业废气含有铀，可能还含有少量 NO_x、氨气，经淋洗、吸收、过滤后通过排风中心排出。废液中除含铀外，还可能含 F^- 和 NH^{4+}，通常采用硅胶吸附等净化后槽式排放。固体废物主要是含铀固渣、污染设备部件、废树脂、硅胶等，数量不大，放射性水平较低，污染核素主要为铀。固体废物中氟化钙渣量比较大，但含铀甚微，常在灰渣场存放处理。

3. 核电厂及其他核反应堆的运行

反应堆运行中产生大量的裂变产物，主要有含放射性的惰性气体、碘和气溶胶的废弃；含活化产物和裂变产物的中、低放射性废液和固体废物[$100\sim500m^3/(GW \cdot a)$]；卸出的乏燃料(燃料卸出反应堆后放射性立即迅速衰减)等。裂变产物始终被严密地封闭在燃料元件包壳内，在正常情况下是不会进入环境中的。

4. 核燃料后处理厂的运行

核燃料后处理厂中，包含在燃料芯体内的裂变产物均在首段处理中被溶解出来，废物的体系复杂且放射性水平高。处理过程中会产生含裂变产物的中、低放射性废气；含裂变产物和显著量锕系元素的高放射性废液和固体废物；含显著量锕系元素的废液和固体废物；含裂变产物的中、低放射性废液和固体废物等。

5. 核设施的退役

退役是核设施试用期满或其他原因停止服役后，为了工作人员和公共的安全以及环境保护而采取的活动。不同核设施退役废物产生量差别很大，为了降低放射性水平和减少放射性废物的体积，去污是必不可少的环节。切割解体是退役工作的重点任务之一，拆下的设备、管道及构筑物形成大量不同水平的废物，其中很多是低放废物，大部分是一般工业废物，但需要分类收集，区别处理。通常，退役废物有固态、液态和气载放射性废物，其中固体废物中，以低污染的金属和混凝土碎块等固体废物为主。

6. 放射性同位素的生产和应用

放射性同位素生产所产生的放射性废物相对量较小，污染性核素半衰期短、毒性低，

多数的废物经过贮存衰变，就可达到清洁解控水平，可以作为一般废物处置。同位素生产应用产生废物的另一个特征是往往夹带生物废物，如实验动物尸体、生物排泄物和生物试样等，它们的生物危害作用可能大于放射性危害作用。在这个过程中还会产生的放射性废物有：核素组成和特性多变的低水平放射性废物、废辐射源（主要是^{60}Co 源和 ^{226}Ra源）等。

1.2　放射性废物的管理原则及内容

1.2.1　放射性废物的管理原则

放射性废物的不恰当管理会在现在或未来对人类健康和环境产生不利的影响，因此放射性废物的管理必须履行旨在保护人类健康和环境的各项措施。国际原子能机构（IAEA）在征集成员国意见的基础上，于 1995 年发布了放射性废物管理的九条基本原则（图 1-2），具体说明如下[7]。

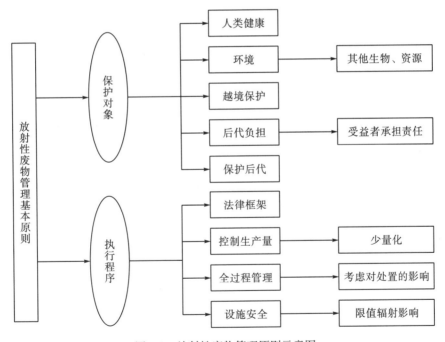

图 1-2　放射性废物管理原则示意图

1. 保护人类健康

放射性废物管理必须确保对人类健康的保护达到可接受水平。

放射性废物的危害作用除了和某些有毒废物相类似外，还具有电离辐射作用，需要特殊的保护，必须控制工作人员和公众受到的照射在国家规定的允许限值之内，并且可合理达到的尽可能低。在确定辐射防护的可接受水平时，主要应考虑国际放射防护委员会(ICRP)和国标原子能机构(IAEA)的推荐，特别是关于正当性、最优化和剂量限值的原则。

2. 保护环境

放射性废物管理必须提供环境保护达到可接受水平。

放射性废物管理应使放射性废物向环境的释放实际达到最少，优选的办法是把放射性核素浓集和包容起来，但是，也可以采取适当的控制措施，在批准的限值内释放到大气和水体中，并且也可进行复用。

放射性核素释放到环境中，除人类之外的其他生物物种也可能受到电离辐射作用，对于这些照射的各种影响也应予以考虑。放射性废物处置可能在相当长的时间内对天然资源(如土地、森林、地表水、地下水及矿藏)未来的可用性产生不良的影响，放射性废物管理应尽可能限制这些影响。

对放射性废物的处置也可能引起非放射性环境影响，如化学污染或生物天然栖息地的变更。对于这些影响，放射性废物管理要使对非放射性环境的影响至少达到类似的工业活动水平。

3. 超越国界的保护

放射性废物管理必须考虑对人体健康和环境的超越国界的可能影响。

本原则出于道义上的考虑，放射性废物管理要使对相关国家人体健康和环境的有害影响不大于对自己国内已经判定可接受的影响。在履行这项义务时，要考虑诸如国际放射防护委员会和国际原子能机构等国际团体的建议。

在正常释放、潜在释放或放射性核素越境转移情况下，事发国应根据这一原则的精神，通过与邻国或受影响国交换信息或商议等方式达成共识。

国际原子能机构《关于放射性废物国际越境转移实践规程》规定：一个国家仅当具备符合国际安全标准的处理和处置废物所需的行政管理、技术能力及审管机构时，才可接收另一个国家的废物进行处理或处置。

4. 保护后代

放射性废物管理必须保证对后代预期的健康影响不大于当今可接受的有关水平。

本原则是基于对后代健康的人道考虑。可接受水平的确定主要根据国际放射防护委员会和国际原子能机构的最新建议。对会长时期延续影响的情况，如不能保证放射性废物的完全隔离，则应达到合理保证人类健康不会受到不可接受的影响。这一目标主要通过采用天然屏障及工程屏障构成的多重屏障体系来实现。此外，应考虑未来人类闯入隔离区域的活动或自然活动，可能会对处置设施的隔离能力产生不利影响；应考虑预测遥远未来的困难性，会造成安全评价的不确定性。

5. 不给后代造成不适当的负担

放射性废物管理必须保证不给后代造成不适当的负担。

本原则也是出于道义的考虑，享受核能开发利用好处的人们应承担管好其所产生废物的责任。有些活动的影响可能延续到后代，如废物处置，对处置设施应按规定进行监测和控制。对放射性废物管理，当代人有责任开发技术、建立基金体系进行有效控制和计划安排。

各类放射性废物处置的时间安排和具体实施，受科学、技术、社会和经济等因素的影响，例如，合适场址的可获得性、公众的可接受性和地方政府的配合。放射性废物处置应尽量不依赖于长期对处置场的监测和处置场关闭后对放射性废物进行回取。

6. 纳入国家法律框架

放射性废物管理必须在适宜的国家法律框架内进行。

国家应制订法律框架，发布放射性废物管理的法律和法规。进行放射性废物管理活动的有关部门和机构应有明确的分工。审管职能必须与运行职能分离，使放射性废物管理实现独立的审查和监督。

放射性废物管理特别是放射性废物的处置要涉及许多代人和持续非常长的时间，故现在及将来的情况都应予以考虑，应当确保职责的长期持续性和资金满足需求。

7. 控制放射性废物产生

放射性废物的产生量必须可实现的尽可能少。

通过适当的设计、运行和退役，使放射性废物量和活度两者都尽可能地最小。减少废物量的办法包括：优化管理、对材料的选择和控制、循环使用和复用、采用分类和减容措施，以及优化的运行程序等。

8. 兼顾放射性废物产生和管理各阶段间的相依性

必须重视放射性废物产生和管理的各阶段间的相互依存关系，实施全过程管理。

放射性废物管理各阶段间相互联系，某个阶段所作出的放射性废物管理的决定可能会对后续阶段产生影响。因此要正确地识别各阶段间的相互作用和关系，使管理的安全和有效性得以平衡。例如，全面考虑废物的处理与处置、核设施的退役、放射性物质的运输、贮存和处置；整备废物及包装与处置环境的兼容；固化体品质符合接受标准和适应处置要求等。

由于放射性废物管理各阶段处于不同时期，在考虑任何一个放射性废物管理活动和做决定时，都应该考虑其对后续放射性废物管理活动的影响，尤其是对废物处置的影响。

9. 保证废物管理设施安全

必须保证放射性废物管理设施使用寿期内的安全。

废物管理设施的选址、设计、建造、调试、运行、退役、处置场的关闭，应优先考虑安全问题，包括预防事故和减轻事故影响的措施，尤其要重视公众问题。提供和保持适当水平的防护，限制可能的辐射影响。

放射性废物管理设施在整个寿期内，应该有适当的质量保证、人员培训和资格认证，适当评估设施的安全及环境影响。

1.2.2　放射性废物的管理内容

　　放射性废物管理是包括废物的产生、预处理、处理、整备、运输、贮存和处置在内的所有的行政和技术活动。放射性废物的管理以安全为核心、处置为目标，采用妥善、优化的方式对放射性废物进行管理、使人类及其环境不论现在还是将来都能免受任何不可接受的危害，放射性废物管理体系如图1-3所示。

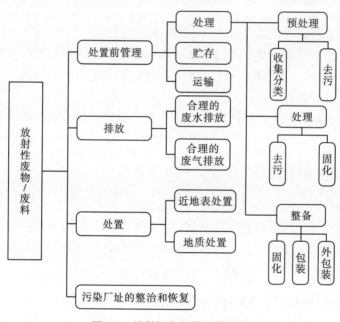

图 1-3　放射性废物管理体系图

1.3　高放废物的处理策略及方法

1.3.1　高放废物的安全处理策略

　　随着我国核工业的快速发展，对高放废物的处理处置不仅是一项高科技系统工程，而且涉及政治、法律、道德、生态环境和公众心理，技术难度高、探索性强、耗资巨大并需要几代人的努力才能完成，这已成为一个重大的安全和环保问题。目前，以美欧为代表的 10 多个国家对于高放废物采取以下三种处理处置策略[11]。

　　(1)利用反应堆或者加速器"烧掉"或者减少钚和次锕系核素的库存，即嬗变技术。但仍需把多余的钚制成 MOX(铀和钚的混合氧化物)燃料元件，或者把易裂变或不裂变锕系核素并入惰性基体燃料(IMF)中，而 IMF 不再含有可裂变的^{238}U，便可防止钚的增值。

在"一次通过"燃烧后，MOX 或 IMF 送到地质处置库进行处置。

(2)把乏燃料或承载锕系核素的固化体直接放入地质处置库，即乏燃料一次通过策略。在实际操作中行，美国采用了比较谨慎的双轨战略，即对于高品质的钚制成 MOX 燃料芯，而对废弃或不纯的其他核素用人造矿物进行固化处理。

(3)包括中国在内的 10 多个国家采用乏燃料后处理战略，提取有用的核材料，以实现核燃料的循环利用，节约核燃料资源，即核燃料循环策略[12]。

通过对乏燃料的后处理，必将提取出大量的钚和少量的锕系核素，即使对高品级钚制成 MOX 燃料后在先进反应堆(如快堆)中燃烧，仍然会引起钚的增值。而设想为了充分利用资源丰富的^{238}U 在先进堆中作燃料，也将会引起钚的大量增值。因此，混合有钚和次锕系核素的放射性废物必将面临最终的处理处置问题，它们的安全处理处置也已成为极具挑战性的研究与工程问题[13]。

1.3.2　高放废物的处理方法

1. 高放废物的分离－嬗变处理方法

20 世纪 60 年代初，科学家们提出了分离－嬗变(partitioning and transmutation，P-T)概念。高放废物的核嬗变处理，亦称"核灰化"处理，是利用核反应装置(反应堆、加速器)把废物中的长寿命放射性核素转变为短寿命或稳定核素，即把高毒性废物转变为低毒性或无毒性废物，以消除对后代子孙的长期辐射风险。为进行核嬗变，首先须把锕系核素(及某些长寿命裂变产物核素)从后处理高放废液中分离出来，制成适用的燃料元件。因此，核嬗变处理通常称为分离和嬗变技术。

1)分离技术

分离技术研究主要集中在对锕系核素的分离技术。20 世纪 90 年代，分离技术取得了较大的突破，分离效果基本能满足分离－嬗变的分离要求。当前主要的水法萃取流程有法国的 DIAMEX 流程、中国的 TRPO 流程、美国的 TRUEX 流程、日本的 DIDPA 流程和瑞典的 CTH 流程。这些流程中，法国和中国的流程被认为是最有前景的流程之一。正在研究的分离技术可分为湿法分离和干法分离两类。

湿法分离是将高放废液贮存 4～5 年，待其比活度和释热率适当衰减以后，用甲酸脱硝沉淀、溶剂萃取和反萃、活性炭吸附、离子交换等方法依次分离出 Zr、Mo、Tc 和 Pt 族元素、Cs 和 Sr、稀土元素以及锕系元素 Am 和 Cm，最后用草酸把 Np 和 Pu 反萃出来并加以分离。

干法分离是在高放废液玻璃固体加热至 500～1000℃时，脱硝成为氧化物粉末，用氯气和石墨粉还原为氯化物，再将液态镉载体中的锕系和稀土氯化物熔盐用锂还原为金属后通过电解精炼过程从阴极析出较纯净的锕系核素，阳极析出裂变产物和镉，稀土熔盐则留在 KCl-LiCl 电解质内。

两种方法比较：干法分离给出金属产品，湿法分离给出氧化物产品；干法生产过程中处理的废物(氯化物)体积小,产生的二次废物量较少,设施紧凑,湿法处理的废物(硝酸溶液)体积大,产生大量放射性有机废液和废树脂,设施庞大;但干法属高温操作,产品中含有一定量的稀土杂质,难以除尽,湿法能产出高纯度的锕系核素;此外,湿法有现行后处理溶剂萃取工艺流程的经验可资借鉴。

2)嬗变技术

嬗变是通过中子/质子/光子人工核反应,使次锕系元素(MA)和长寿命裂变产物核素(LIFP)转变成短寿命核素或稳定元素,即把高毒性废物转变为低毒性或无毒性废物,降低或消除高放废物的长期危害性,并利用嬗变所释放的能量。嬗变可以通过反应堆、加速器、加速器驱动的次临界装置以及裂变-聚变混合装置等多种途径来实现。嬗变可用的反应堆型有MOX燃料快中子增殖堆、金属燃料快中子增殖堆、重水堆和专门设计的反应堆等。在反应堆型、燃料品种、燃料性能等方面均经过研究改进和优化以后,才能最后确定嬗变方案,并对整个系统的效率、安全性、减少辐照剂量的总效果和经济性做出最后评价。目前分离-嬗变技术仍处于研究阶段,它的工业运行存在许多难题(如产生二次废物、效率不高等需要解决)。

嬗变可将高放废物中绝大部分长寿命核素转变为短寿命,甚至变成非放射性素,可以减小深地质处置的负担,但不可能完全代替深地质处置。分离-嬗变处理的关键在子分离技术,因为完全分离是很难达到的,加上还要产生二次废物,所以高放废物的分离-嬗变是一项难度大、耗资巨大、涉及多学科的系统工程。从事放射性废物处理的界内人士的普遍看法是:分离和嬗变处理途径不能取代深地层最终处置,原因有以下几个方面[9]:①已经存在的大量高放废液玻璃固化体不适合实施锕系核素的分离。②被锕系核素沾染的废物多种多样,其数量远大于乏燃料经后处理所产生的高放废物及未经后处理的乏燃料之和,要从这类中水平、长寿命废物中把所含的锕系核素分离出来,技术上和经济上的困难都很大,不如作深地质处置适宜。③浓缩高放废物的分离-嬗变处理不可避免地会留下一些"尾巴",同时产生大量被锕系核素沾染的二次废物,仍需作深地层处置。分离-嬗变处理的目的,主要在于减小埋存于深地层处置库中废物的长期的放射毒性,可把它看作深地层处置途径的一种补充,而不是取代方案。

2. 高放废物的固化处理方法

20世纪60年代初以来,人类探讨过不少方案:深地质处置、分离-嬗变(核焚烧)、洋底沉积层处置、宇宙处置、极地冰层处置等,这其中经过研究和评价认为现实可行且为人们普遍接受的办法是深地质处置[14-16]。

地质处置是把高放废物处置在足够深地下(通常指500~1000m)的地质体中,采用多重屏障体系的设计,即建造一系列天然、人工和工程屏障于废物本身和生物圈之间,这些屏障包括废物包装(废物固化材料、废物罐和可能的外包装)、工程屏障(缓冲/回填材料和处置库工程构筑物)和天然屏障(如主岩和外围土层等)。通过建造多重屏障体系,以增强处置的安全性,使高放废物对人类和环境的有害影响低于审管机构规定的限值。我国高放废物地质处置研究工作开始于1985年的"高放废物深地质处置研究发展计划"

(SDC 计划)，以高放玻璃固化体和超铀废物为处置对象，以花岗岩为处置介质进行地质处置。现在处于技术准备阶段，目标是在 21 世纪中叶建成高放废物地质处置库[17]。

把高放废物固结在固化体中为设计的第一道屏障，称为固化处理。固化处理的优点是：①能将放射性核素牢固结合到稳定、惰性的基材中，从源头切断放射性核素迁入生物圈的途径。②对于液态放射性废物，使其转变为固态后将便于收集、运输和贮存等操作。③能有效减小废物体积。目前对于高放废物的处理已形成两代固化处理技术，即为第一代的玻璃固化技术和第二代的矿物(陶瓷)固化技术。

1)高放废物的玻璃固化技术

玻璃废料固化体(vitrification form)是目前世界上广泛研究和应用的一种高放废料固化体基材。玻璃固化是将高放废料或浓缩高放废液加入含硅、铝、硼等元素的氧化物原料，在高温下进行高温熔融玻化处理。其中，废料中高价态的离子如 Si、B、Pu、Zr、Al 等会进入玻璃网格中成为网络形成体，而低价的碱金属阳离子如 Na、Ca、Mg、Sr、Cs 等会填充在网络周围成为网络补偿体，并通过巨大的黏阻力和密实度阻止核素的迁移，从而达到对核素的固化[18]。美国早在 20 世纪 80 年代就开始使用玻璃固化核废料，玻璃固化经过几十年的积累和发展，其技术相对成熟，目前已有四种固化处理方法，具体如下[7]：

(1)罐式法。罐式工艺(pot process)是法国和美国早期开发研究的玻璃固化方法，如法国的 PIVER 装置。20 世纪 70 年代，我国最早在中国原子能科学研究院进行开发研究的玻璃固化技术也是罐式法工艺(后来转为陶瓷熔炉工艺)。罐式工艺是高放废液的蒸发浓缩液和玻璃形成剂同时加入金属罐中，金属罐用中频感应加热，分为若干区，废液在罐中蒸发，与玻璃形成剂一起熔融、澄清，最后从下端冻融阀排出熔制好的玻璃。

该工艺的优点是设备简单，容易控制。缺点是熔炉寿命短(熔制 25~30 批玻璃，就得更换熔炉)，批量生产，处理能力低。现在只有印度在应用罐式工艺进行玻璃固化，但印度也在考虑改用焦耳加热陶瓷熔炉工艺。

(2)煅烧-感应熔融两步法。煅烧-感应熔融(calcinaton-induction melting)两步法，第一步是将高放废液加入回转煅烧炉中煅烧成固态煅烧物，第二步是将玻璃煅烧物与玻璃形成剂分别加入中频加热的金属熔炉中，在那里熔铸成玻璃后通过冻融阀注入玻璃贮罐中，最后由底部出料，该工艺为连续加料和批量出料。

法国首先于 1978 年在马库尔建成第一套两步法装置 AVM。此外，英国引进法国技术建设了一座 WVP 玻璃固化工厂。两步法优点是连续生产，处理量大。不足之处是工艺比较复杂，熔炉寿命比较短(感应熔炉寿命约 2000h，溶制 100 罐玻璃体)。

(3)焦耳加热陶瓷熔炉法。焦耳加热陶瓷熔炉(joule-hearted ceramic melter，JCM)简称电熔炉，也称液体进料陶瓷熔炉(liquid feed ceramic mekter，LFCM)。该方法采用电极加热，炉体由耐火陶瓷材料构成。在处理过程中，连续液体加料，高放废液与玻璃形成剂分别加入(也有混合后同时加入)熔炉中，高放废液在熔炉中进行蒸发与玻璃形成剂一起熔铸成玻璃。熔制的玻璃有两种出料法：底部冻融阀或溢流口以批式或连续方式出料。

焦耳加热陶瓷熔炉法是目前国际上最广泛使用的玻璃固化工艺。它最早是由美国太平洋西北实验室(PNNL)开发，西德首先在比利时莫尔建成 PAMELA(pilot-anlage mol zur erzeugung lagerfaahiger abfaalle)装置，提供比利时处理前欧化公司积存的高放废液。苏联于 1986 年在马雅克建成了电熔炉 EP-500，处理马雅克后处理厂的高放废液。现在美国、俄罗斯、日本、德国和我国都采用焦耳加热陶瓷熔炉工艺。电熔炉工艺处理量大，工艺相对比较简单，熔炉寿命比较长(约 5 年)。不足之处是熔炉体积大，给退役带来困难，熔炉底部的贵金属沉积影响出料，可通过改进设计得到解决。

(4)冷坩埚法。冷坩埚熔炉(cold crucible melter, CCM)是采用高频感应加热，炉体外壁为水冷套管和感应圈，不用耐火材料及电极加热。由于水冷套管中连续通过冷却水，近套管形成一层固态玻璃壳体，熔融的玻璃则被包容在自冷固态玻璃层内，顶上还有一个冷罩，限制易挥发物的释放，大大减少对熔炉的腐蚀作用。

冷坩埚技术早在民用玻璃生产和搪瓷工业中得以应用，但俄罗斯最先提出用它来处理核废物。法国是世界上冷坩埚玻璃固化技术研究较早的国家之一，从 20 世纪 80 年代开始，冷坩埚玻璃固化技术的研发已实现了从简单原理装置到工程化的应用。目前俄罗斯、法国、韩国均已实现了工程应用，其他国家正处于计划实施中。

冷坩埚法有以下优点：①炉温可达到 1600～3000℃，远大于热坩埚和电熔炉所能承受的温度。适应性强，可处理多种废物，尤其适用于腐蚀性较高和熔制温度较高的废液。②熔融玻璃不直接与金属接触，腐蚀性小，维修少，炉体寿命长。③退役容易，退役废物量小。

冷坩埚法缺点是热效率低，耗能相对较多(约 10% 能量消耗在感应线圈上，约 20% 能量消耗在冷坩埚上)，普通熔炉熔铸玻璃耗能 1kW·h/kg 玻璃，冷坩埚熔炉熔铸玻璃耗能 1.5kW·h/kg 玻璃。此外，其耗水量也比较大，冷坩埚、搅拌器和浇注滑板都要水冷。但综合比较起来，利大于弊。

四种玻璃固化装置性能比较如表 1-11 所示。

表 1-11　四种玻璃固化装置性能比较

项目	罐式法	煅烧＋感应熔炉法	陶瓷熔炉法	冷坩埚法
进料	一步法	二步法	一步法	一步法(也可二步法)
加热方式	中频分段感应加热	煅烧＋中频感应加热	电极加热	高频感应加热
处理能力	小	可大可小	可大可小	较小
熔融温度	约 1100℃	熔炉 1100~1200℃	1100~1200℃	可达 1600℃甚至更高
熔炉寿命	短	煅烧炉可达 2a，熔融罐 5000h	约 5a	20a 或更长
适应性	小	较小	较小	较大
热效率	高	较高	高	低
退役废物	少	较多	较多	较少

玻璃固化处理技术最明显的优点在于能够包容较多的化合物和盐类，能较大程度地减少废料的体积，具有较好的抗浸出性能，并且 HLW 的玻璃化技术已经成熟。曾用作此用途的玻璃有多种，如磷酸盐玻璃、硼酸盐玻璃和硅酸盐玻璃等。目前固化 HLW 主

要使用硼硅酸盐玻璃，这种玻璃相对于其他玻璃具有较好的热力学稳定性和抗浸出性能，并且其熔融温度低（898～1048K）、膨胀系数小。然而，在地质数百度高温和潮湿条件下，玻璃将变得不稳定，浸出率迅速上升，这要求对 HLW 固化体的处置作降温和去湿处理以保证固化体的安全，但处理成本无疑会大大增加，从这一点看，玻璃不是理想的 HLW 载体。当然，玻璃的性质是可以改进的，如铁磷酸盐玻璃和镧硼酸盐玻璃的性质就比标准的硼硅酸盐玻璃载体好得多。

研究表明铁磷酸盐（ironphosphate，IP）玻璃具有很好的化学耐蚀性，该玻璃与核废料一起在高温下被熔化成玻璃液，然后淬冷形成化学稳定性优良的玻璃体，深埋到地下，达到永久性处理这些核废料的目的。在许多国家，IP 玻璃在这方面已得到广泛的应用。在一定程度上，IP 玻璃比硼硅酸盐玻璃更经济，更适宜于固化某些类型的核废料，特别是那些含有大量磷酸盐、氧化铁、氧化铬和其他一些重金属氧化物的核废料，诸如含有 Bi_2O_3、La_2O_3、U_3O_8 的核废料。通常这些氧化物在硼硅酸盐玻璃中的溶解度很低，这种有限的溶解度就使得玻璃固化体的体积十分庞大，增加了处理核废料的成本，近来 Huang 等报道了 IP 玻璃可以容纳质量百分含量为 70%～75% 的核废料，该玻璃固化体有十分优良的化学耐蚀性。

2）高放废物的矿物（陶瓷）固化技术

随着反应堆燃耗提升、换料周期延长和使用 MOX 燃料等，所产生的高放废物的辐射强度和 α 放射性水平大大提高，对于耐热性和耐 α 辐照性较弱的玻璃难以满足固化这类高放废物的要求，所以人们开发包容能力更强的陶瓷固化技术。早在 1953 年，美国的 Hatch 从能长期赋存铀的矿物（沥青铀矿、独居石、锆英石等）中得到启示，首次提出矿物岩石（材料学家称之为陶瓷）固化放射性核素，并期望人造放射性核素能像天然核素一样安全而长期稳定地回归大自然。但当时受美苏两个超级大国的核竞赛和冷战思维的影响，在很长时间内未受到重视，直到 1979 年，澳大利亚国立大学的 Ringwood 等[19] 在《自然》（Nature）杂志上发表了 "Immobilization of high level nuclear reactor wastes in SYNROC" 一文后才引起科学家的足够重视，引起了很多同行的关注。

人造岩石（矿物）（synthetic rock，SYNROC）是利用矿物学上 "类质同象" 和低共熔原理，通过一定的热处理工艺获得热力学稳定、性能优异的矿物固熔体，它让高放废物中的大部分元素进入矿相晶格位置或镶嵌于晶格孔隙中，从而实现安全固化处理，人造岩石固化体具有以下特性[7,20]：

（1）较高的密度和硬度。人造岩石是在高温高压下合成的矿物型岩石固化体，其密度普遍在 $5.0g/cm^3$ 以上（玻璃固化体密度为 $2.2～2.8g/cm^3$），通常大于 90% 的理论密度，这有利于减少废物体积和降低浸出率。

（2）较好的化学稳定性。人造岩石的抗浸出性极强，浸出率比玻璃固化体低 2～3 个量级。即使将人造岩石固化体放入沸水中浸煮，其浸出率仍小于 $0.1g/(m^2·d)$。且天然矿物经过长期复杂的地质经历，包括接触地下水、风化和侵蚀等，能稳定存在数亿年甚至更长的时间，也充分说明了人造岩石具有特别优良的化学稳定性。

（3）耐辐照性能好。作为高放废物的载体，固化体中放射性核素衰变所导致的自辐照会在固化体晶格中产生空位、填隙离子和 He 原子等缺陷，这些缺陷可在固化体结构中迁移，然后互相结合或陷落于缺陷中，从而形成辐照损伤，如缺陷簇、气泡形成和蜕晶质，这些辐照损伤的形成会对固化体的物理性能和化学稳定性产生极为不利的影响。对人造岩石进行 α 自辐照试验证明，部分人造矿物固化体在受到 10^{19} α/g（α/g＝α 衰变次数/克）的辐照时，性能没有明显损害。

　　人造矿物固化高放废物表现出的优良性能，被公认为第二代高放废物和长寿命放射性废物固化体，许多国家也相继对其矿相结构、组成、制备工艺、性能测试等做了大量的研究和评价。针对不同的固化对象，人造岩石固化已经研究了多种固化基体，如针对典型高放废液的 Synroc. A 和 Synroc. B，针对商业动力堆后处理高放废液的 Synroc. C，专门处理美国军用高放废液的 Synroc. D，还有动力堆高放废液和一次通过式乏燃料的 E、F 系列等，不同的配方针对的处理对象不同，质量包容量 10%～50%，最高可达 70%。人造岩石固化的具体情况将在后面介绍。

1.4　高放废物矿物固化基材的研究概况

1.4.1　高放废物矿物固化基材的选取原则

　　随着研究的深入，科学家们逐渐认识到固化锕系核素的基材选择应满足以下几个条件[21,22]：

　　(1)对锕系核素有较高的包容能力(即高的固溶度)。

　　(2)在地质处置库条件下有非常好的化学稳定性。主要指抗浸出性，尤其是抗有害元素(如 U、Pu、Cs、Sr 等)的浸出。该稳定性要求固化体在潮湿、数百摄氏度的高温环境和高剂量辐射损伤条件下仍能保持生物圈可接受的低浸出率。

　　(3)有很好的机械稳定性和热稳定性。高放废物固化体应能始终保持致密整体一块，不因气候变化或机械冲击而碎裂成粉末。在固化体埋藏期的前数百年内，处置库的温度会从常温升高到数百摄氏度，然后又逐渐下降。因此，固化体不能因热导率(λ)不够而产生破裂。通常，当物质的 $\lambda \geqslant 1.2$ 时，该物质可保持其热稳定性。

　　(4)在核素自辐照条件下有非常好的抗辐照能力。高放废物中的各种衰变必然会损伤固化体的结构，从而改变固化体的性质，当固化体中高放废物质量百分含量为 10%，在埋藏 10^4 年后，其中 α 衰变的累积剂量可达 10^{17} α/g；β 衰变在埋藏 100 年后其剂量可达 5×10^8 Gy。α 衰变是造成固化体物质结构变化的主要原因。当 α 衰变的总剂量达 10^{17} α/g 时，地球上最稳定的矿物之一——锆英石的结构将部分非晶质化。β 衰变则是造成处置库温度升高的主要原因。各种衰变作用不仅改变固化体的结构和性质，还会使某些种类的固化体产生气泡或裂纹，这无疑都会影响到固化体的力学、化学及耐辐照等综合稳定性。

1.4.2 高放废物矿物固化基材的研究现状

高放废物的矿物固化，其实质也是一种陶瓷，它是从地球化学的观点出发，根据"类质同象""矿相取代"及"低温共熔"原理研制开发的固化体。其固化的实质是将高放废液中的核素与这些盐类在高温相中形成一定的固溶体，从而将核素包裹在固相中，形成热力学稳定的固化体。同时，该固化体还具有一定的机械性能、抗浸出性能和耐辐照稳定性。到目前为止，这种固化材料针对锕系核素的固化体表现了优良的性能，具有巨大的发展潜力。目前研究较多的矿相固化体材料分述如下。

1. 钙钛锆石型人造固化体

钙钛锆石($CaZrTi_2O_7$)是地球上最稳定的矿相之一，也是锕系核素的主要寄生相，具有很好的发展前景，目前国内外研究得比较多，钙钛锆石的合成工艺有 2 种，一种是固相反应法，另一种是液相反应法。实验结果表明 2 种方法均能合成纯度较高的钙钛锆石，但相对而言固相反应法的工艺简单，原料易得且价格低，合成的钙钛锆石纯度较高，更适合于工程化应用。钙钛锆石属于缺阴离子的氟石型超结构，其主要成分是 CaO、ZrO_2、TiO_2(具体含量如表 1-12 所示)，有 5 个不同的晶格位，根据类质同象原理，大小合适的其他离子可以不同程度地进入这 5 个位置，有的离子可以进入 1 个以上的位置。

表 1-12 钙钛锆石的基本组成

基本成分	GaO	ZrO_2	TiO_2
含量/%	1.83~16.54	22.82~44.18	13.56~44.91

钙钛锆石作为核素固化体具有以下特性。

(1)化学稳定性。许多证据表明，天然钙钛锆石经过长期复杂的地质经历，包括接触地下水、风化、侵蚀等，却能稳定存在数亿年甚至更长的时间[23]，充分说明了钙钛锆石具有特别优良的化学稳定性。目前，对人造岩石固化基材的浸出行为研究也证实了这一点，研究发现，其主要组成矿相的化学稳定性依次为：钙钛锆石>金红石>碱硬锰矿石>钙钛矿>合金相。

(2)机械稳定性。在自然界中，钙钛锆石主要以矿物形式存在，其本身就是一种硬度大、不含水、无解离的晶体，且不容易破碎，即使碎了也不呈粉末状。因此，钙钛锆石具有良好的机械稳定性。

(3)辐照稳定性。高放废物固化体包容的放射性核素会产生自辐照效应。各种衰变不仅会改变固化体的结构和性能，还会使某些固化体产生裂纹和气泡。并且实验表明当 α 衰变剂量达到 $10^{18}\alpha/g$ 时，钙钛锆石会发生蜕晶质使结构无定型化，体积膨胀约 6%，锕系元素等主要核素的浸出率会增加一个数量级[24-26]。人们还发现提高温度可以抑制由 α 衰变引起的晶相固化体的结构损伤，这说明钙钛锆石型人造岩石很适合高放废物的深地质处置。

(4)热稳定性。研究表明，钙钛锆石能够很好地满足高放废物对固化体热稳定性的要求[27]。考虑到钙钛锆石相只能将锕系核素固定在晶格中，具有一定的局限性，因此人们提出了以钙钛锆石为主，多种矿相与其相结合的方法来解决这一限制。其中主要包括碱硬锰矿（$BaAl_2Ti_6O_{16}$，对 Sr、Cs 进行有效晶格固化）、钙钛矿石（$CaTiO_3$）和金红石（TiO_2）等地球化学稳定矿相。富钙钛锆石型人造岩石能够处理长寿命的放射性核素[7]，是固化从高放废物中分离出来的长寿命放射性核素的理想固化介质。富钙钛锆石型人造岩石固化体按基料制备特点有液相反应法和固相反应法，其中液相反应法主要包括氢氧化物法和溶胶－凝胶法，一般采用以 Ca、Ti、Zr、Ba、Al 的氧化物作为原料的固相反应法。实验研究表明，以天然锆英石[$ZrSiO_4$、$CaCO_3$、TiO_2 和 $UO_2(NO_3)_2 \cdot 6H_2O$]为原料，通过高温固相反应，能成功制备包容铀（质量分数 4.5%）的钙钛锆石和榍石基人造岩石固化体。制备钙钛锆石和榍石基固化体的研究认为该固化体的最佳合成温度为 1290℃，制备所得固化体结构致密，有较好的抗浸出性和辐照稳定性。尽管富钙钛锆石可以作为 U、Pu 核素较理想的固化基材，但目前制备性能稳定的富钙钛锆石型人造岩石固化体的方法尚处于实验室研究阶段，还有很多方面有待于进一步研究，以期望达到工程化应用的目的。

2. 富烧绿石型人造固化体

烧绿石（pyrochlore）和钙钛锆石一样也是自然界中稳定存在的矿相[28]。它们具有相近的结构和相近的性能，但烧绿石可以达到较高的核素包容量，这对深地质处置是十分有利的。

烧绿石是在制备人造矿物过程中，当金属离子对钙钛锆石中的锆位取代（量）超过一定范围时固溶形成的。目前，国际上对以烧绿石为主要矿相的人造岩石固化研究比较少，我国原子能科学院的杨建文等做了这方面的工作，并取得一定的成果。其研究采用的矿相组成为 85%烧绿石、5%碱硬锰矿、10%金红石，其中增加碱硬锰矿的目的是为了提高配方对废物中少量裂变产物的包容性，添加金红石则是为了增加配方的灵活性。

实验研究表明，采用氢氧化物法制备基料，排水法测定固化体体积密度，煮水法测定显气孔率，维氏压入法测定纤维硬度等，从而证实了富烧绿石人造岩石固化体的物理性能较好[29]。研究还表明，用 X 射线衍射、扫描电镜和透射电镜分析可以得知富烧绿石固化体结构结合紧密，晶粒小，晶界窄。用产品一致性测试（PCT）粉末浸泡法可知富烧绿石固化体归一化浸出率随浸泡时间延长而降低，表明其具有较好的抗浸出性能，如：在浸泡的 28 d 内，归一化浸出率为 $10^{-3} \sim 10^{-2}$ g/(m²·d)，Ca 为 $10^{-4} \sim 10^{-3}$ g/(m²·d)，Ti、Nd、U、Zr 为 $10^{-8} \sim 10^{-6}$ g/(m²·d)[30]。用串列加速器重离子辐照模拟 α 衰变自辐照的研究表明：烧绿石的蜕晶质剂量为 0.5 dpa，具有较好的抗辐照性能[31]。西南科技大学卢喜瑞团队也对钆锆烧绿石基模拟单一、多核素及含铀固化体的制备及稳定性等进行了大量研究[32-48]，认为烧绿石人造岩石固化体具有较高的包容量（U_3O_8 的最大质量包容量为 82.29%）[32]，有较好的抗浸出率性能和抗辐照性能，是固化锕系元素废料和进行最终地质处置的理想固化体。

3. 含 $Na_2Al_2Ti_6O_6$ 型黑钛铁钠矿的人造固化体

普通人造岩石各组成矿相的晶格对从后处理厂产生的高放废物的包容能力很好，但对钠离子的包容能力都很低，所以这种该类型固化体对高钠废液的包容效果一直不好，尤其当 Na_2O 的质量分数超过 2%时，固化体的化学稳定性及物理稳定性就会受到明显的损害。研究表明，含 $Na_2Al_2Ti_6O_6$ 型黑钛铁钠矿的人造岩石固化体可以用来包容高钠废液。黑钛铁钠矿是一种天然矿物[49]，它的基本组成为 $A_2B_2Ti_6O_6$，其中 $A=Na^+$、K^+，$B=Fe^{3+}$、Al^{3+}、Ti^{3+}、Cr^{3+} 等。黑钛铁钠矿中的$(B^{3+}，Ti^{4+})O_6$八面体通过共边和共顶点组成空间网络结构，钠离子可以镶嵌在网络结构的空隙中，因此具有较好的物理、化学稳定性[50]。

清华大学核能技术设计研究院的李利宇等进行过这方面的模拟研究[51]。在配方设计过程中，将高放废液中钠离子组分作为单独组分对待，并且为固化钠组分所需的 Al_2O_3 和 TiO_2 按化学式 $Na_2Al_2Ti_6O_6$ 计算。经实验证实：黑钛铁钠矿的人造岩石结构致密，成矿完全，抗水浸出性能好，与人造岩石固化体的组成矿相有较好的互溶能力，当高放废料中钠的含量较高时，黑钛铁钠矿是合适的人造岩石固化体备选基材[51]。关于其固化配方及固化工艺方面的研究还在继续开展中，以进一步提高固化体的废物包容量和稳定性。

4. 富碱硬锰矿型人造岩石

高放废液中分离出的^{137}Cs因原子半径大，被认为是最难固化的核素。目前主要利用类质同象原理通过人造 Ba 型碱硬锰矿相，使 Cs 通过异价补偿或取代方式固定于碱硬锰矿的隧道结构中。中国原子能科学院的赵昱龙等采用碱硬锰矿组合矿相对^{137}Cs进行包容，组合矿相为 85%碱硬锰矿(hollandite，$Ba-Al_2Ti_6O_{16}$)，10%钙钛锆石，5%金红石。这其中增加钛锆石的目的是包容少量的锕系核素和其他裂变产物，而金红石可按包容量的不同进行适当矿相调整，从而增加配方的灵活性。另外值得注意的是：在配方设计中，要尽可能地减少 Al 元素的引入，因为过多的 Al 与 Cs 结合形成易溶性矿相 $CsAlTiO_4$，这样就会大大降低固化体的抗浸出性能[52,53]。研究表明：富碱硬锰矿具有较小的显气孔率(≤0.1%)和较高的密度(≥ $4.2g/cm^3$)，结构密实，详细数据见于文献[54]。研究还表明 Cs 的元素归一化浸出率随包容量的增加而增加，而包容量在 3.0%～4.5%的富碱硬锰矿人造岩石固化体的浸出率较低[< $2×10^{-2}g/(m^2·d)$]，抗浸出性能优良。另外，Cs 核素将是固化体处置前 50a 的主要释热源，若 Cs 核素包容量过高，可能使固化体中心平均温度达到 300～400℃，这样不仅超出了处置库的限制温度，而且还会对固化体本身造成损伤。因此，富碱硬锰矿人造岩石对 Cs 核素的包容量在 3.0%～4.5%为佳。

5. 锆英石作为备选矿物固化体的发现

钙钛锆石和钆钛烧绿石($Gd_2Ti_2O_7$)是地球上所存在最稳定的矿相之二，也是锕系核素的主要寄生矿物。同时，由于两种人造矿物对锕系核素具有较高的固溶度等原因，美国曾一度将二者作为处理锕系核素的候选固化基材[55]。但是在随后的研究中发现，在地质处置库条件下，矿物固化体要承受水－力－热等多种因素的耦合作用，特别是废物中放射性核素的衰变自辐照条件下，固化体的长期耐久性等受到了质疑[56]。

锆英石($I4_1/amd$，$Z=4$)为岛状硅酸盐矿物，属四方晶系，其理论组成质量百分含量为 32.78%的 SiO_2 和 67.22%的 ZrO_2。自然界中所形成的锆英石(结晶岩中)都含有一定量的放射性元素，目前所发现的天然锆石中最多可含 5％UO_2、15％ ThO_2[57]。同时，锆英石因其对核素的良好包容性而常被用于地质测年。锆英石也因其具有较高的热分解温度、较好的化学稳定性、较小的热膨胀系数、优良的抗热震性能、机械稳定性和抗辐照性，被认为是固化钚等锕系核素的理想载体[58]。近年来，国内外研究学者以锆英石为基材对锕系核素的固化开展了一系列的工作。Keller 等成功合成了类 $ASiO_4$（A＝Zr、Hf、Th、Pa、U、Np、Pu、Am）的人造矿物[59]，对于 $PuSiO_4$ 纯相的合成也表明锆英石中 Pu 替代 Zr 进行核素固化是可能的[60]。

以美国西北太平洋国家实验室的 Ewing 和密西根大学的 Weber 等为代表的科学家，也认真评价了过去高放废物固化体存在的问题，对寻求综合性能尤其是抗辐照性能更好地固化基材提出了非常好的建设性意见，并根据地质稳定性认为锆石（$ZrSiO_4$）是固化锕系核素的理想基材之一[61,62]。

参 考 文 献

[1] RECHARD R P, LIU H H, TSANG Y W, et al. Site characterization of the Yucca Mountain disposal system for spent nuclear fuel and high-level radioactive waste[J]. Reliability Engineering & System Safety, 2014, 122(122): 32-52.

[2] RINGWOOD A E, KELLY P M, BOWIE S H U, et al. Immobilization of high-level waste in ceramic waste forms [J]. Philosophical Transactions of the Royal Society of London, 1986, 319(1545): 63-82.

[3] 顾忠茂. 核废物处理技术[M]. 北京：原子能出版社，2009.

[4] EWING R C. Nuclear waste forms for actinides[J]. Proceedings of the National Academy of Sciences of the United States of America, 1999, 96(7): 3432-3439.

[5] 连培生. 原子能工业[M]. 北京：原子能出版社，2002.

[6] 罗上庚. 核废物的安全和环境影响[J]. 安全与环境学报，2001, 1(2): 16-20.

[7] 罗上庚. 放射性废物处理与处置[M]. 北京：中国环境科学出版社，2007.

[8] 罗上庚. 对放射性废物分类的探讨[J]. 原子能科学技术，1986, 20(5): 561-561.

[9] 罗上庚. 回归自然——人造岩石固化放射性废物[J]. 自然杂志，1998(2): 87-90.

[10] 国家环境保护局. 铀矿冶污染治理[M]. 北京：中国环境科学出版社，1996.

[11] EWING R C. Plutonium and "minor" actinides: safe sequestration[J]. Earth & Planetary Science Letters, 2005, 229(3-4): 165-181.

[12] 刘华秋. 军备控制与裁军手册[M]. 北京：国防工业出版社，2000.

[13] CROWLEY K D. Nuclear waste disposal: the technical challenges[J]. Physics Today, 2008, 50(6): 32-39.

[14] 刘平辉，管太阳. 陆地中低放核废物地质处置的发展与现状[J]. 东华理工大学学报自然科学版，2000, 23(3): 229-234.

[15] 沈珍瑶. 高放废物的处理处置方法[J]. 辐射防护通讯，2002, 22(1): 37-39.

[16] 王驹. 论我国高放核废物深地质处置[J]. 中国地质，1998(7): 33-35.

[17] 沈珍瑶. 世界各国高放废物地质处置最新进展[J]. 中国地质，2001, 28(12): 19-21.

[18] 盛嘉伟，罗上庚. 高放废液的玻璃固化及固化体的浸出行为与发展情况[J]. 硅酸盐学报，1997(1): 83-88.

[19] RINGWOOD A E, KESSON S E, WARE N G, et al. Immobilisation of high level nuclear reactor wastes in SYNROC[J]. Nature, 1979, 278(5701): 219-223.

[20] 周冠南，周时光，滕元成，等. 烧绿石固化高放废物的研究进展[J]. 材料导报，2006, 20(9): 38-42.

[21] 滕伟锋，王晓东，李玲利. 核废料固化基材的研究现状[J]. 中国建材科技，2011, 20(5): 55-58.

[22] 何涌. 高放射性废物矿物固化体的特性[J]. 地质科技情报，2000, 19(3): 73-76.

[23] TROCELLIER P. Chemical durability of high level nuclear waste forms[J]. Annales De Chimie Science Des

Matériaux，2001，26(2)：113-130.

[24] EWING R C，WEBER W J，CLINARD Jr F W. Radiation effects in nuclear waste forms for high-level radioactive waste[J]. Progress in Nuclear Energy，1995，29(2)：63-127.

[25] CARREZ P，FORTERRE C，BRAGA D，et al. Phase separation in metamict zircon under electron irradiation [J]. Nuclear Instruments & Methods in Physics Research，2003，211(4)：549-555.

[26] WEBER W J，EWING R C，CATLOW C R A，et al. Radiation effects in crystalline ceramics for the immobilization of high-level nuclear waste and plutonium[J]. Journal of Materials Research，1998，13(6)：1434-1484.

[27] 何涌. 高放废液玻璃固化体和矿物固化体性质的比较[J]. 辐射防护，2001，21(1)：43-47.

[28] LUMPKING G R，HART K P，MCGLINN P J，et al. Retention of actinides in natural pyrochlores and ziconolites[J]. Radiochim Acta，1994，66/67：469-474.

[29] 杨建文，罗上庚，李宝军，等. 富烧绿石人造岩石固化模拟锕系废物[J]. 原子能科学技术，2001，35(S1)：104-109.

[30] ISHIGURO T，TANAKA K，MARUMO F，et al. Freudenbergite[J]. Acta Crystallographica，1978，34(1)：255-256.

[31] SCHULZ W W，HORWITZ E P. Chemical Pretreatment of Nuclear Waste for Disposal[M]. New York：Plenam Press，1994.

[32] LU X R，HOU C X，XIE Y，et al. High capacity immobilization of U_3O_8 in $Gd_2Zr_2O_7$ ceramics via appropriate occupation designs[J]. Ceramics International，2017，43(3)：3015-3024.

[33] LU X R，DING Y，SHU X Y，et al. Preparation and heavy-ion irradiation effects of $Gd_2Ce_xZr_{2-x}O_7$ ceramics [J]. Rsc Advances，2015，5(79)：64247-64253.

[34] LU X R，FAN L，SHU X Y，et al. Phase evolution and chemical durability of co-doped $Gd_2Zr_2O_7$ ceramics for nuclear waste forms[J]. Ceramics International，2015，41(5)：6344-6349.

[35] LU X R，CHEN M J，DONG F Q. Leaching stability of simulated waste forms for immobilizing An^{3+} by $Gd_2Zr_2O_7$ with Nd^{3+}[J]. Journal of Wuhan University of Technology-Mater. Sci. Ed.，2014，29(5)：885-890.

[36] LU X R，DING Y，DAN H，et al. High capacity immobilization of TRPO waste by $Gd_2Zr_2O_7$ pyrochlore[J]. Materials Letters，2014，136(136)：1-3.

[37] LU X R，DING Y，DAN H，et al. Rapid synthesis of single phase $Gd_2Zr_2O_7$ pyrochlore waste forms by microwave sintering[J]. Ceramics International，2014，40(8)：13191-13194.

[38] LU X R，DONG F Q，SONG G B. Phase and rietveld refinement of pyrochlore $Gd_2Zr_2O_7$ used for immobilization of Pu(IV)[J]. Journal of Wuhan University of Technology-Mater. Sci. Ed.，2014，29(2)：233-236.

[39] LU X R，DONG F Q，SONG G B. Phase and structure in the system $Gd_{2-x}Eu_xZr_2O_7$($0.0 \leqslant x \leqslant 2.0$)[J]. Journal of Wuhan University of Technology-Mater. Sci. Ed.，2014，29(1)：1-4.

[40] 卢喜瑞，董发勤，胡淞，等. 模拟核素固化体 $Gd_2Zr_{2-x}Ce_xO_7$($0 \leqslant x \leqslant 2.0$)的物相及化学稳定性研究[J]. 物理学报，2012，61(15)：121-128.

[41] SHU X Y，FAN L，XIE Y，et al. Alpha-particle irradiation effects on uranium-bearing $Gd_2Zr_2O_7$ ceramics for nuclear waste forms[J]. Journal of the European Ceramic Society，2017，37(2)：779-785.

[42] SHU X Y，LU X R，FAN L，et al. Design and fabrication of $Gd_2Zr_2O_7$-based waste forms for U_3O_8 immobilization in high capacity[J]. Journal of Materials Science，2016，51(11)：5281-5289.

[43] LIU L，FAN L，LU X R. The immobilization of triuranium octoxide by gadolinium zirconate[J]. Nuclear Technology，2016，193(3)：430-433.

[44] FAN L，SHU X Y，LU X R，et al. Phase structure and aqueous stability of TRPO waste incorporation into $Gd_2Zr_2O_7$ pyrochlore[J]. Ceramics International，2015，41(9)：11741-11747.

[45] SHU X Y，FAN L，LU X R，et al. Structure and performance evolution of the system $(Gd_{1-x}Nd_x)_2(Zr_{1-y}Ce_y)_2O_7$($0 \leqslant x$，$y \leqslant 1.0$)[J]. Journal of the European Ceramic Society，2015，35(11)：3095-3102.

[46] SU S J, DING Y, Shu X Y, et al. Nd and Ce simultaneous substitution driven structure modifications in $Gd_{2-x}Nd_xZr_{2-y}Ce_yO_7$[J]. Journal of the European Ceramic Society, 2014，35(6)：1847-1853.

[47] FAN L, SHU X Y, DING Y, et al. Fabrication and phase transition of $Gd_2Zr_2O_7$ ceramics immobilized various simulated radionuclides[J]. Journal of Nuclear Materials, 2015, 456：467-470.

[48] 卢喜瑞，董发勤，段涛，等. 钆锆烧绿石固化锕系核素机理及稳定性[M]. 北京：科学出版社，2016.

[49] 龚恒风，马俊平，李公平，等. 人造岩石固化体的研究现状[J]. 甘肃科学学报，2009，21(4)：150-155.

[50] WADSLEY A D. The possible identity of freudenbergite and Na_xTiO_2[J]. Zeitschrift für Kristallographie-Crystalline Materials, 1964，120(1-6)：396-398.

[51] 李利宇，罗上庚，汪德熙. 用人造岩石固化模拟高钠高放废液[J]. 清华大学学报(自然科学版)，1997(5)：50-53.

[52] CHEARY R W, KWIATKOWSKA J. An X-ray structural analysis of cesium substitution in the barium hollandite phase of synroc[J]. Journal of Nuclear Materials, 1984，125(125)：236-243.

[53] 赵昱龙，李宝军，周慧，等. 人造岩石固化模拟^{137}Cs 废物的研究[J]. 核化学与放射化学，2005，27(3)：152-157.

[54] VANCE E R. Synroc: a suitable waste form for actinides[J]. MRS Bulletin, 1994，19(12)：28-32.

[55] WEBER W J, EWING R C. Plutonium immobilization and radiation effects[J]. 2000，289(5487)：2051-2052.

[56] ZHANG F X, LIAN J, BECKER U, et al. High-pressure structural changes in the $Gd_2Zr_2O_7$ pyrochlore[J]. Physical Review B Condensed Matter, 2007，76(21)：214104.

[57] FINCH R J, HANCHAR J M. Structure and chemistry of zircon and zircon-group minerals[J]. Reviews in Mineralogy & Geochemistry, 2003，53：1-25.

[58] EWING R C, LUTZE W, WEBER W J. Zircon: a host-phase for the disposal of weapons plutonium[J]. Journal of Materials Research, 2011, 10 (2)：243-246.

[59] KELLER C. Untersuchungen ueber die germanate und silicate des typs ABO_4 der vierwertigen elemente thorium bis americium[J]. Nukleonik, 1963，5：41-48.

[60] SPEER J A. The actinide orthosilicates[J]. Reviews in Mineralogy & Geochemistry, 1980，5(1)：113-135.

[61] EWING R C. The design and evaluation of nuclear-waste forms: clues from mineralogy [J]. Canadian Mineralogist, 2001，39(3)：697-715.

[62] DONALD I W, METCALFE B L, TAYLOR R N·J. The immobilization of high level radioactive wastes using ceramics and glasses[J]. Journal of Materials Science, 1997，32(22)：5851-5887.

第 2 章 锆英石的结构及性质

锆英石(ZrSiO₄),又名锆石,日本称之为"风信子石",它是十二月生辰石,象征着成功。锆英石在工业上常用于耐火材料(如锆刚玉砖、锆质耐火纤维)、铸造行业铸型用砂(如精密铸件型砂)、精密搪瓷器具生产等。此外,锆英石在玻璃、金属(如海绵锆)以及锆化合物(如二氧化锆、氯氧化锆、锆酸钠、氟锆酸钾、硫酸锆)等的生产中也有一定使用。锆英石的资源相对比较丰富,世界上锆英石产出较多的国家有澳大利亚、印度、斯里兰卡、巴西、南非及美国等。我国海南、广东、山东、台湾等沿海地带均有锆英石矿源的分布,其中属海南储量最大。随着我国工业发展的需要,对锆英石的开采能力也得到了不断提高。本章对锆英石的结构进行了详细介绍,并对其分类、形貌及理化性能等进行了阐述。此外,结合高放废物固化体的筛选要求,本章也对锆英石作为高放废物固化基材的特点进行了分析。

2.1 锆英石的结构

锆英石属于四方晶系的岛状结构硅酸盐矿物,空间群是 $I4_1/amd$,晶胞参数 $a=b=0.6604nm$,$c=0.5979nm$,$Z=4$。锆英石的基本结构是由平行于 a 轴的共边$[ZrO_8]$三角十二面体链和平行于 c 轴的$[SiO_4]$四面体与$[ZrO_8]$十二面体交替排列的链所组成[1]。在锆英石的晶体结构中,$[SiO_4]$四面体呈孤立状,$[SiO_4]$四面体彼此之间借助 Zr^{4+} 而相互联结,且二者在 c 轴方向相间排列。Zr^{4+} 的配位数为 8,呈由立方体特殊畸变而成的$[ZrO_8]$多面体[2]。锆英石的整个结构也可视为由$[SiO_4]$四面体和$[ZrO_8]$多面体连接而成,其晶体结构见图 2-1 所示。

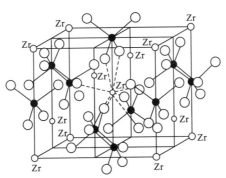

图 2-1 锆英石晶体结构图

2.2　锆英石的性质

2.2.1　锆英石的分类

锆英石按其结晶程度可以划分为：

(1)高型：四方晶系，未受辐射或经受较少的辐射，晶格没有或发生很小变化的锆英石。

(2)低型：由多种非晶质混合物组成，结晶程度较低，晶格变化较大。

(3)中型：介于高型和低型之间。

在对锆英石的宝石贸易中通常根据颜色对其进行划分，具体为：

(1)无色锆英石：应和钻石一样无色透明，不带任何灰或褐色调。

(2)蓝色锆英石：属锆英石宝石贸易中最受欢迎的品种，包括天然石和热处理优化石。优化石因在优化过程中未添加任何其他物质，故在珠宝鉴定上，仍然认定其为天然宝石，宝石色度有深有浅。不带任何褐色色调的蓝锆石有强二色性；带褐色调的在极端高温高压作用下有可能转变为金黄色(非常罕见，基本不会发生)。蓝锆石通常带有很淡的绿色调。

(3)蓝绿色或带黄、带褐色的蓝色锆英石。

(4)绿色和微绿黄色锆英石。

(5)橙色、褐色和黄色锆英石。

(6)红色锆英石：包括红色到橙红色者。

除此之外，有人还将罕见的锆英石猫眼单列为一个品种。

2.2.2　锆英石的化学成分

锆英石的理论组成质量百分含量为 67.22% 的 ZrO_2，32.78% 的 SiO_2[45]。有时含有 MnO、CaO、MgO、Fe_2O_3、Al_2O_3、TR_2O_3、ThO_2、U_3O_8、TiO_2、P_2O_5、Nb_2O_5、Ta_2O_5、H_2O 等混入物。当 H_2O、TR_2O_3、U_3O_8、$(Nb，Ta)_2O_5$、P_2O_5、HfO_2 等杂质含量较高，而 ZrO_2、SiO_2 含量相对较低时，会导致锆英石的硬度和比重降低。锆英石因其化学组成的不同而形成多种变种：

(1)山口石：含 10.93% 的 TR_2O_3、17.7% 的 P_2O_5。

(2)大山石：含 5.3% 的 TR_2O_3、7.6% 的 P_2O_5。

(3)苗木石：含 9.12% 的 TR_2O_3、7.69% 的 $(Nb，Ta)_2O_5$，含 U、Th 较高。

(4)曲晶石：含较高 TR_2O_3、U_3O_8，因晶面弯曲而得名。

(5)水锆石：含 3%～10% 的 H_2O。

(6)铍锆石：含 14.37% 的 BeO，6.0% 的 HfO_2。

(7)富铪锆石：HfO_2 含量可达 24.0%。

2.2.3　锆英石的理化性质

1.　颜色

锆英石可呈现无色、淡黄、紫红、淡红、蓝、绿、烟灰色等多种不同颜色，色散为 0.039(高)，呈现玻璃至金刚光泽，有时为油脂光泽，透明到半透明。

锆英石在 X 射线照射下通常发黄色光，阴极射线下发出较弱的黄色光，紫外线下发出明亮的橙黄色光。在偏光镜下呈现出无色至淡黄色，色散强，折射率大。N_o＝1.91～1.96，N_e＝1.957～2.04，均质体折射率会降低，N＝1.60～1.83。

2.　密度

锆英石的密度多数介于 3.90～4.73g/cm³，其密度由低型到高型逐渐变大。其中，高型的密度主要介于 4.60～4.80g/cm³，中型的密度主要介于 4.10～4.60g/cm³，低型的密度主要介于 3.90～4.10g/cm³。

3.　力学性能

锆英石的莫氏硬度主要集中在 7.5～8，其莫氏硬度值也由低型到高型发生变化，低型值可低至 6，高型值可高至 7.5。锆英石因形成时包容一定的 U、Th 等放射性核素而具有放射性，因而产生非晶质化现象，这种锆英石的莫氏硬度值可降至 6[3,4]。锆英石通常较脆，常见边角有破损，称为纸蚀效应[5]。

4.　热学性能

锆英石的熔点主要介于 2340～2550℃。在氧化条件下，温度介于 1300～1500℃时锆英石较稳定，在 1550～1750℃时发生分解，生成 ZrO_2、SiO_2。锆英石的线性热膨胀系数为 $5.0×10^{-6}$/℃(200～1000℃)，且耐热震动，稳定性良好。锆英石的热导系数在室温条件下为 5.1W/(m·℃)，在 1000℃环境时为 3.5W/(m·℃)。锆英石在高温环境下不与 CaO、SiO_2、C、Al_2O_3 等发生反应，其抗渣蚀能力较强，不粘钢水。

5.　化学性能

锆英石在空气中加热时不易被氧化性气氛侵蚀，也不易与酸碱起反应(除氢氟酸)。此外，锆英石对不少熔融金属如铝合金、不锈钢等均具有良好的抗润湿能力，与钢水很少反应。但当分离出来的游离二氧化硅增多后易与侵入杂质形成低熔点玻璃而熔流出二氧化锆，即容易被侵蚀损坏。

2.3　锆英石作为高放废物固化基材的特点

自然界中 U、Th 等元素可微量替代锆英石中的 Zr 元素，U 在锆英石中的平均质量百分含量可达 $5 \times 10^{-6}\% \sim 4000 \times 10^{-6}\%$，Th 的平均质量百分含量可达 $2 \times 10^{-6}\% \sim 2000 \times 10^{-6}\%$。国内外研究学者通过实验研究合成了 $ASiO_4$ 类化合物（A＝Zr、Hf、Th、Pa、U、Np、Pu 和 Am），其中存在 $HfSiO_4$、$USiO_4$ 和 $ThSiO_4$ 天然矿物[6]。研究发现随着 A 位离子半径的增大，晶胞体积也有规则地增大，表明这些化合物是同构的。结构的精细化研究表明，$ZrSiO_4$ 和 $HfSiO_4$ 可构成完全类质同象系列，天然锆英石中 HfO_2 最高可达 35%；而 $ZrSiO_4$ 和 $USiO_4$、$ZrSiO_4$ 和 $ThSiO_4$ 则构成部分类质同象系列。天然锆英石也常含有较高的 U、Th，如我国苏州花岗岩中锆英石最高含有 7.55% 的 ThO_2，宜春花岗岩中锆英石含有 9.94% 的 UO_2。

锆英石的人工合成实验表明其晶格中最高可含质量百分数约 10.7% 的 UO_2 和 $5.5\% \pm 2.5\%$ 的 ThO_2[7]。1991 年 Weber 制备出了含 Pu 原子百分数为 9.2%（8.1% 的 ^{238}Pu 和 1.1% 的 ^{239}Pu）的锆英石，而 $PuSiO_4$ 的成功合成研究表明 Pu 对 Zr 的广泛替代是完全可能的[8]。锆英石结构属于 ABO_4 结构类型（硅酸盐和磷酸盐），因此锆英石中可以含有一定量的磷钇矿固溶体组分。许多 A 位置组成不同的（如：La、Pr、Nd、Sm、Eu、Gd、Tb、Tm、Yb、Lu、Sc 和 Y）锆英石和独居石结构的化合物已被合成。同时，由于锆英石能够包容 U、Th 等核素上亿年而稳定存在，通常被用于地质测年。因此，锆英石被认为是比较有前景的高放废物固化基材之一。

参 考 文 献

[1] 潘兆鲁. 结晶学及矿物学（下）[M]. 北京：地质出版社，1994.

[2] 张联盟，黄学辉，宋晓岚. 材料科学基础[M]. 武汉：武汉理工大学出版社，2004.

[3] HOLL H D, GOTTFRIED D. The effect of nuclear radiationon the structureof zircon[J]. Acta Crystallographica, 1955, 8(8)：291-300

[4] MURAKAMI T, CHAKOUMAKOS B C, EWING R C, et al. Alpha-decay event damage in zircon[J]. American Mineralogist, 1991, 76：9-10(9)：1510-1532.

[5] CHAKOUMAKOS B C, MURAKAMI T, LUMPKIN G R, et al. Alpha-decay—induced fracturing in zircon：the transition from the crystalline to the metamict state[J]. Science, 1987, 236(4808)：1556-1559.

[6] KELLER C. Untersuchungen über die germanate und silikate des typs ABO_4 der vierwertigen elemente thorium bis americium[M]. Gesellschaft für Kernforschung mbh, 1963.

[7] 卢海萍，王汝成，陆现彩. 锆石的结构与化学稳定性：核废料处置矿物类比物研究[J]. 地学前缘，2003, 10(2)：403-410.

[8] WEBER W J. Self-radiation damage and recovery in Pu-doped zircon[J]. Radiation Effects and Defects in Solids, 1990, 115(4)：341-349.

第3章 岩浆成因锆英石特性及γ射线辐照效应

为获取锆英石作为核素固化体的直接稳定性信息，本章的研究中以岩浆成因锆英石作为天然类比物开展相关研究工作，拟从自然角度揭示含核素锆英石的物相、核素包容能力与赋存状态等随时间演变和地质条件变化的规律、尺度等关系，进而从自然视角为核素的锆英石固化提供相关的数据和信息。

在本章的研究中，采集并从国内9种岩浆岩[(11.01±0.24)~(2256±35)Ma]中分选出锆英石矿物，利用偏反多功能显微镜、阴极发光、背散射电子、电子探针、X射线衍射、激光拉曼光谱及红外光谱等测试表征手段对锆英石产出的地质背景等进行了研究，并对锆英石中所包容核素的种类、含量和晶格变化情况及之间的相互关系进行了初步分析。同时，为获取天然锆英石的γ射线辐照效应，研究中利用^{60}Co源γ射线辐照装置对锆英石实施了加速辐照实验，并借助X射线衍射、激光拉曼光谱，红外光谱及扫描电子显微镜等测试表征手段对射线辐照后锆英石的结构变化等信息进行了初步探讨。

3.1 样品的采集与分选

3.1.1 样品的采集

1. 念青唐古拉黑云母二长花岗岩的采集

念青唐古拉花岗岩巨大岩基呈北东走向，出露在西藏当雄县境内的念青唐古拉山地区，大地构造位置在拉萨地块的中部，出露面积大于1500km²，基岩平均海拔约6000m，最高海拔7162m，大部分山顶被现代冰川所覆盖。岩体的主要岩石类型为中细粒－中粗粒黑云母二长花岗岩(占念青唐古拉侵入岩总面积的75%以上)，其他岩石类型有中细粒花岗闪长岩、中细粒石英二长闪长岩和中细粒斑状黑云母钾长花岗岩(呈小岩株产出)。在岩体内部还有不同时代的变质岩或深成岩捕房体，岩体侵入的地层主要为石炭系—二叠系砂板岩。中国地质科学院地质力学研究所刘琦胜等曾采用单颗粒SHRIMP U-Pb法对羊八井西北侧古仁曲上游的中粗粒黑云母二长花岗岩所产出的锆英石进行了测年分析，得出其地质年龄为(11.01±0.24)Ma[1]。本研究所采集的念青唐古拉岩石即取自羊八井西北侧古仁曲上游的中粗粒黑云母二长花岗岩，所采集的岩石样品如图3-1所示。

图 3-1　念青唐古拉黑云母二长花岗岩岩石照片

2. 云南鹤庆透辉石花岗斑岩的采集

　　本部分研究的岩石区位于哀牢山—金沙江新生代钾质碱性岩浆岩带南段，处在三江褶皱系与扬子板块接合部位。区内出露地层有：二叠系玄武岩，三叠系砂砾岩、砂泥岩、灰岩。因三叠系末期该区隆起成陆，所以缺失侏罗系和白垩系。古近系—新近系出现断陷盆地，同时伴有新生代钾质碱性岩浆岩的喷出和侵入。中国科学院广州地球化学研究所边缘海地质重点实验室的刘红英等曾采用单颗粒 SHRIMP U-Pb 法，对云南鹤庆透辉石花岗斑岩的锆英石进行了测年分析并得出其地质年龄为 34Ma[2]。本研究所使用的云南鹤庆岩石样品取自位于云南省西部鹤庆县北衙 Pb、Au 等矿区西边的马头湾岩体，其位于距离北衙村约 5km 处，侵入于三叠系砂岩中，呈小岩株，平面形态呈一不规则椭圆形，出露面积约为 0.6km²。所采集的岩石样品如图 3-2 所示。

图 3-2　云南鹤庆透辉石花岗斑岩岩石照片

3. 广西大厂斑状花岗岩的采集

　　大厂锡矿田侵入岩分布在中部龙箱盖和西部铜坑—巴里一带，侵位于石炭系灰岩和泥盆系灰岩-碎屑岩中。在龙箱盖地区，地表出露的含斑黑云母花岗岩呈近 SN 脉状和岩枝、岩床状产出，边部见有与之呈渐变过渡的斑状花岗岩，面积<0.5km²。钻孔及坑道揭露表明：地表小规模的岩脉岩枝向深部渐变为一个巨大的岩基，而且一直延伸到了西部的铜坑—巴里一带。铜坑—巴里一带近 SN 向产出的花岗斑岩脉和石英闪长玢岩脉分

别被称之为"东岩墙"和"西岩墙"，岩脉沿近 SN 向张扭性断裂充填，形成规模较大的陡立岩墙，单条岩脉长 80～2400m、宽 1～130m。广西大学资源与环境学院的蔡明海等曾采用锆英石 SHRIMP U-Pb 法对广西大厂锡矿田龙盖箱的斑状花岗岩锆英石的地质年龄开展了测试分析工作，得出其地质年龄为(91±1)Ma[3]。本研究所采集的广西大厂斑状花岗岩取自大厂锡矿田龙盖箱，所采集的岩石样品如图 3-3 所示。

图 3-3　广西大厂斑状花岗岩岩石照片

4. 桂东北同安石英二长岩的采集

包括牛庙岩体在内的花山复式岩体位于 NE 向的宁远—江华—平南深断裂带和南岭 WE 向深断裂带的交汇处，前者控制了湘南新田—宁远—道县一带侏罗纪玄武岩的分布，后者控制了南岭地区最醒目的一条东西向中生代花岗岩带(花山—姑婆山—禾洞—大东山—贵东岩带)的分布。在地理位置上，花山复式岩体位于广西东北部钟山、平乐、恭城三县交界处，它侵入于寒武系及上古生界沉积岩地层中。其中牛庙岩体产于花山花岗岩体的东南缘，分布在钟山县牛庙以西、花山乡以东和红花乡西南的西岭、西尾、十里村一带，呈 NNE 向延伸，南北长约 8km，东西最宽 2～2.5km，总出露面积约 16km²。同安岩体产生于花山花岗岩体的西缘，分布在平乐县同安镇和恭城县莲花镇以东的大冲岭、杨梅山、桃江村一带，呈一向西凸出的狭长弧形，南北长约 19km，东西宽 1.5～2km，总出露面积约 32km²，又称杨梅山岩体。南京大学成矿作用国家重点实验室的朱金初等人采用 SHRIMP U-Pb 法得出同安石英二长岩的地质年龄为(160±4) Ma[4]。本研究所使用的桂东北同安岩石样品采自同安镇以东的大冲剖面和莲花镇东南的马湾—木洞—蒲源剖面，均为沿运输路旁侧的新开凿露头，所采集的岩石样品如图 3-4 所示。

图 3-4　桂东北同安石英二长岩岩石照片

5. 川南德昌茨达碱性岩的采集

碱性岩石受拉张的构造环境控制，常呈带状分布并且在空间上这些碱性岩常与层状侵入体共存。在攀西北地区从南到北有攀枝花、德昌茨达、西昌太和、冕宁里庄等岩体，断续分布长逾300km。德昌茨达碱性杂岩体位于攀西古裂谷中段，受控于安宁—易门深断裂带，岩体出露在茨达镇北侧，侵吞海西晚期层状辉长岩，产状呈株状，为近南北向延伸的不规则的椭圆形，南北长约3.1km，东西宽约1.4km，面积约3km²，由钠铁闪石霓石花岗岩、碱长石英正长岩和磁铁矿黑云母花岗岩等组成。中国科学院边缘海地重点实验室的林清茶等采用SHRIMP U-Pb法对产于攀西古裂带内的德昌地区茨达碱性杂岩体中的钠铁闪石碱性花岗岩进行了定年测试，年龄结果为(225±2)Ma[5]。本研究所使用的川南德昌茨达岩石样品采自茨达镇东北方向新华村南边500m公路西侧的小山坡采石场，所采集的岩石样品如图3-5所示。

图3-5　川南德昌茨达碱性岩岩石照片

6. 内蒙古白音宝力道花岗斑岩的采集

岩石采集区位于古亚洲洋构造域中部的苏尼特左旗—贺根山缝合带北侧西部，苏尼特左旗蛇绿混杂岩已被确认形成于早古生代末期[(409±13)Ma]，其上被上泥盆统不整合覆盖。在苏尼特左旗蛇绿混杂岩带北部出露（古亚洲洋板块向西伯利亚板块俯冲）产生的大量早古生代花岗岩类岩石，包括闪长岩、石英闪长岩、英云闪长岩和花岗闪长岩等。中国地质调查局沈阳地质矿产研究所的张炯飞等采用SHRIMP U-Pb法对内蒙古白音宝力道所产出的花岗斑岩进行了定年测试，结果为(439.8±4.3)Ma[6]。本研究中所使用的内蒙古白音宝力道岩石样品(MN>47)采于花岗斑岩岩株的中心部位，采样位置地理坐标为北纬43°40′10″，东经113°38′30″，所采集的岩石样品如图3-6所示。

图3-6　内蒙古白音宝力道花岗斑岩岩石照片

7. 陕西丹凤县花岗岩的采集

北秦岭构造带主要由北向西展布的秦岭岩群、宽坪岩群、二郎坪岩群以及丹凤岩群等岩石地层单元构成。其中的秦岭岩群形成于古元古代(2000～2200Ma)，主要由片麻岩、斜长角闪岩和大理岩组成，变质程度达角闪岩相，局部可达麻粒岩相，代表秦岭造山带的古老结晶基底，并受到新元古代(1000～800Ma)和古生代造山作用的强烈改造。目前已在该古老构造块体中发现多个新元古代时期形成的花岗岩体，由东向西依次出露有寨根、德河、牛角山、石槽沟、黄柏岔和蔡凹等岩体。西北大学大陆动力学教育部重点实验室的张成立等采用锆英石 SHRIMP U-Pb 法对陕西丹凤县所产出的花岗岩进行了定年测试，测年结果为(889±10)Ma[7]。本研究所采集的陕西丹凤县岩石取自丹凤县以北的蔡凹以东地带的花岗岩，所采集的岩石样品如图 3-7 所示。

图 3-7　陕西丹凤县花岗岩岩石照片

8. 山西受禄黑云角闪二长花岗岩的采集

山西省五台山地区花岗质岩石分布广泛，出露面积约为 650km²。石佛、车厂、北台、峨口、王家会等几个五台期大花岗质岩体与五台群绿岩，共同构成了晚太古代五台花岗绿岩带，被称作古元古代吕梁期的花岗质岩。它可以同五台期花岗质岩复合，组成以五台期为主的复合型岩体；呈独立产出者，主要见于滹沱群复向斜的西端，尤以凤凰山、莲花山和黄金山三岩体规模为大，裸露的基岩面积分别为 0.2km²、8km²、0.51km²，其中的副矿物榍石的地质年代约 1758Ma。

凤凰山岩体大部分为晚新生代堆积物覆盖，露头仅见于定襄县的凤凰山和上汤头村西两处，磁测和钻探验证圈定覆盖层以下的岩体分布范围可达 110km²。岩体与下元古界滹沱群初级变质岩、沉积岩呈明显的侵入接触关系。在东部标准地区的滹沱群，以不整合覆盖在上太古界五台群中级变质火山-沉积岩之上，同时又被几乎未变形变质的中元古界长城系含硅质白云岩类不整合所覆盖。凤凰山岩体大抵对比为滹沱群的下、中两亚群，岩性主要以白云大理岩为主夹板岩，再是砂质板岩、石英岩和少许的变质玄武岩。

围岩接触变质作用较强烈，普遍发育大理岩化和角闪化，局部有透辉岩化、阳起石化和黑云母化，在一些地段上可见接触交代成因的矽卡岩(夕卡岩)型囊状磁铁矿小矿体。地矿部天津地质矿产研究所的李惠民等曾采用锆英石 SHRIMP U-Pb 法对凤凰山所产出的花岗岩进行了定年测试，测年结果为(1758±14)Ma[8]。本部分研究中所使用的山西受禄岩石样品采自山西省受禄乡向阳村西北约 1.5km 的凤凰山山脚新鲜基岩的露头，所采集的岩石样品如图 3-8 所示。

图 3-8　山西受禄黑云角闪二长花岗岩岩石照片

9. 山西中条山花岗闪长质片麻岩的采集

山西中条山地区的古元古代岩石地层发育齐全，根据解除关系自西向东或由下而上可以划分为 4 个岩石地层单元：涑水杂岩、绛县群、中条群和担山石群，其上被古元古代西阳河群不完整覆盖。横岭关花岗闪长质片麻岩出露在横岭关—烟庄之间，其北侧为烟庄花岗岩，南侧直接与绛县群平头岭组石英岩接触，对两者之间的关系有不整合和侵入两种认识。这期花岗质岩石为岩性均匀的中粗粒花岗闪长岩，具块状构造，主要由微斜长石、斜长石、石英、黑云母和少量白云母组成。中国地质调查局天津地质矿产研究所的赵凤清、李惠民和左义成等采用 SHRIMP 锆英石 U-Pb 法对山西省横岭关所产出的花岗闪长质片麻岩进行了定年测试，测年结果为(2256±35)Ma[9]。本部分研究中所使用的山西中条山岩石采自山西省横岭关，所采集的岩石样品如图 3-9 所示。

图 3-9　山西中条山花岗闪长质片麻岩岩石照片

3.1.2　样品的分选

岩石样品中锆英石副矿物的分选是在河北区域地质矿产调查研究的帮助下完成的，其锆英石的分选要经历以下几个步骤，其流程图详见图 3-10。

1. 碎样

(1)将所采集的岩石样品置放在干净的铁板上，用铁锤砸成 5～10cm 的碎块进行粗碎，然后挑选块状样品。

(2)利用颚式破碎机对块状样品进行颚式破碎。

(3)利用双辊破碎机对样品进行反复破碎，使样品全部通过 60 目筛。

2. 淘洗

将碎好的样品通过手工淘洗，淘出尾砂(轻部分)和灰色精砂(较重部分)。

3. 选矿

(1)将灰色精砂用强磁铁选出强磁性部分。

(2)利用酒精对无磁性部分样品进行淘洗，然后在镜下挑选出纯净的锆英石颗粒。

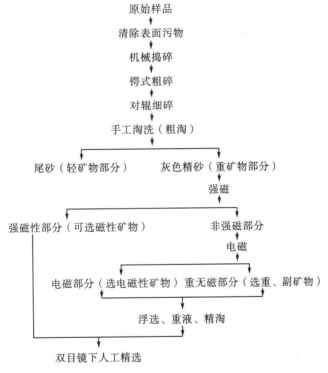

图 3-10　岩石样品中锆英石副矿物分选流程图

3.2　锆英石母岩的岩石学特征

本部分研究中所使用的岩石薄片是在川西北地质队实验室的帮助下获得的。利用 Laborlux12 pol 型偏反多功能显微镜(德国 Leitz)对样品的岩石学特征进行镜下观察，具体如下。

1. 念青唐古拉黑云母二长花岗岩的岩石学特征

根据肉眼并利用偏反多功能显微镜对样品进行观察和鉴定，样品在偏反多功能显微镜下的照片如图 3-11 所示。该样品主要由钾长石、斜长石、石英和黑云母矿物组成。造岩矿物粒径为 2~8mm，岩石蚀变微弱，鉴定为中粗粒黑云母二长花岗岩。

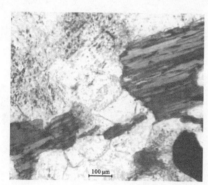

图 3-11　偏反多功能显微镜下念青唐古拉黑云母二长花岗岩照片

2. 云南鹤庆透辉石花岗斑岩的岩石学特征

利用偏反多功能显微镜及肉眼对样品进行观察鉴定，样品在显微镜下的照片如图 3-12 所示。可以看出：该样品的主要造岩矿物为灰白色，细-中细粒，呈斑状结构。经观察和分析，其造岩矿物主要由钾长石($35\%\sim50\%$)、斜长石($25\%\sim36\%$)、石英($21\%\sim26\%$)以及透辉石、角闪石和黑云母等铁镁矿物($3\%\sim5\%$)组成，鉴定为透辉石花岗斑岩。

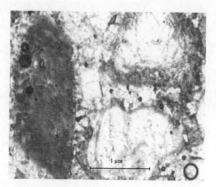

图 3-12　偏反多功能显微镜下云南鹤庆透辉石花岗斑岩照片

3. 广西大厂斑状花岗岩的岩石学特征

样品在偏反多功能显微镜下的照片如图 3-13 所示。该样品主要由石英（35％～40％）、钾长石（25％～30％）、斜长石（28％～32％）和黑云母（1％～3％）等组成。岩石具有似斑状结构，块状构造。斑晶粒径由斜长石、钾长石、石英和黑云母组成，其粒径一般介于 0.5～2cm，最大者可达 5cm。副矿物主要有锆英石、榍石、磷灰石等，经判断该岩石为细粒斑状花岗岩。

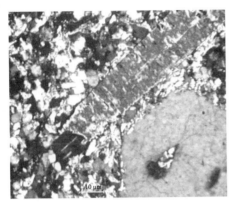

图 3-13　偏反多功能显微镜下广西大厂斑状花岗岩照片

4. 桂东北同安石英二长岩的岩石学特征

桂东北同安所采集的岩石薄片在偏反多功能显微镜下的照片见图 3-14。该样品主要造岩矿物为斜长石、条纹长石和石英，另含有少量的钛铁氧化物、榍石、磷灰石、褐帘石和锆英石等副矿物，经鉴定为中粗粒黑云母二长花岗岩。

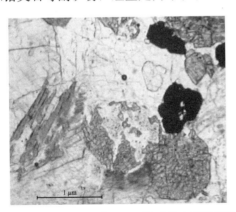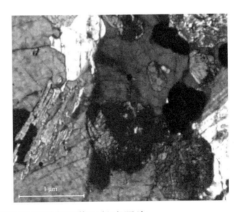

图 3-14　偏反多功能显微镜下桂东北同安石英二长岩照片

5. 川南德昌茨达碱性岩岩石学特征

样品在偏反多功能显微镜下的照片见图 3-15。该岩石样品为白色，中粗粒结构，文象结构特别发育。造岩矿物由碱长石、石英、钠铁闪石和少量黑云母等组成，其中碱长石由条纹长石、反条纹长石、微斜纹长石和钠长石等组成，鉴定为钠铁闪石碱性花岗岩。

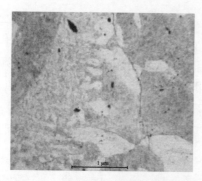 

图 3-15　偏反多功能显微镜下川南德昌茨达碱性岩照片

6. 内蒙古白音宝力道花岗斑岩的岩石学特征

样品在偏反多功能显微镜下的照片如图 3-16 所示。该岩石样品为块状构造、斑状结构，斑晶含量约为 5%，有斜长石、石英和钾长石。样品基质为斜长石、石英、钾长石和少量角闪石、黑云母等。副矿物为锆英石、磷灰石和磁铁矿等，经综合鉴定为花岗斑岩。

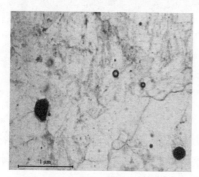 

图 3-16　偏反多功能显微镜下内蒙古白音宝力道花岗斑岩照片

7. 陕西丹凤县花岗岩的岩石学特征

陕西丹凤县所采集的岩石在偏反多功能显微镜下的照片如图 3-17 所示。该样品中含石英 20%、钾长石 20%~30%、斜长石 45%~55%、角闪石 8%~10%、黑云母 3%~5%；其副矿物以磷灰石、锆英石、榍石及磁铁矿组合为特征，经鉴定为花岗闪长岩和二长花岗岩混合组成。

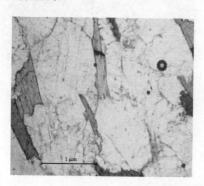 

图 3-17　偏反多功能显微镜下陕西丹凤县花岗岩照片

8. 山西受禄黑云角闪二长花岗岩的岩石学特征

样品在偏反多功能显微镜下的照片如图 3-18 所示。该岩石以灰白色为主，为斑状、粗粒花岗结构，显片麻状构造。主要矿物为斜长石和石英，暗色矿物少，黑云母和角闪石合计量不足 10%，斑晶为微斜条纹长石，经鉴定为黑云角闪二长花岗岩。

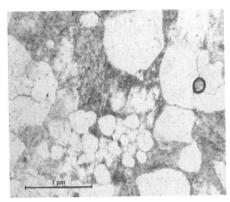

图 3-18　偏反多功能显微镜下山西受禄黑云角闪二长花岗岩照片

9. 山西中条山花岗闪长质片麻岩的岩石学特征

研究中所采集样品在偏反多功能显微镜下的照片如图 3-19 所示。该岩石具有板块状构造，主要造岩矿物为微斜长石、斜长石、石英、黑云母和少量白云母组成，经鉴定为岩性均匀的中粗粒花岗闪长岩。

图 3-19　山西中条山花岗闪长质片麻岩样品偏反多功能显微镜下照片

3.3　锆英石的矿物学特征

1. 锆英石的物相

由于所采集天然花岗岩样品中锆英石副矿物的含量相对较低，受锆英石分选量的限制,本研究中仅获得了念青唐古拉黑云母二长花岗岩、桂东北同安石英二长岩、川南德昌茨达碱性岩及内蒙古白音宝力道花岗斑岩所产出锆英石的 X 射线衍射数据。

为尽可能地获取样品物相与结构等方面的信息,本研究中采用自行设计的样品架辅助开展锆英石的 X 射线衍射分析。研究中所使用样品架的材料为普通玻璃质载玻片、聚乙烯薄片和普通双面胶带。在普通玻璃质载玻片上黏结普通双面胶带,然后在胶带上粘上聚乙烯薄片,利用刻刀在聚乙烯薄片上挖出长宽分别为 1cm 和 0.5cm 的样品槽,然后将细化至 200 目以下的锆英石样品放入样品架中压平,进而开展粉末 X 射线衍射分析。由于实验中 X 射线束斑面积相对较大,可能导致部分射线照射到样品周围的聚乙烯薄片上,从而导致 XRD 衍射曲线中会出现基底增高的现象,使得对样品真实结晶度的计算变得困难,但该方法对锆英石的物相分析和晶胞参数计算不会产生较大影响,故本研究中采用自行设计的样品架对锆英石样品开展 X 射线衍射分析。

图 3-20～图 3-23 分别为念青唐古拉黑云母二长花岗岩、桂东北同安石英二长岩、川南德昌茨达碱性岩及内蒙古白音宝力道花岗斑岩所产出锆英石的 XRD 衍射曲线。通过锆英石的 XRD 数据可以看出:研究样品虽然分别经历了 (11.01 ± 0.24)Ma、(160 ± 4)Ma、(225 ± 2)Ma 和 (439.8 ± 4.3)Ma 的地质演变,但 X 射线衍射曲线中主物相均以 $ZrSiO_4$ 物相为主,并且衍射曲线的峰线比较尖锐,峰线宽度狭窄,这表明样品具有较高的结晶度。

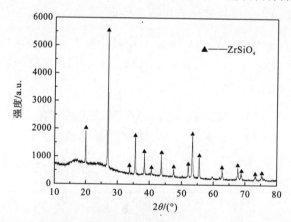

图 3-20　念青唐古拉黑云母二长花岗所产出锆英石[(11.01 ± 0.24)Ma]XRD 衍射曲线

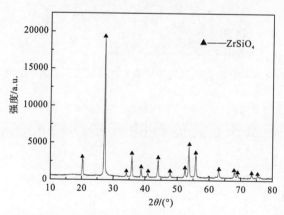

图 3-21　桂东北同安石英二长岩产出锆英石[(160 ± 4)Ma]XRD 衍射曲线

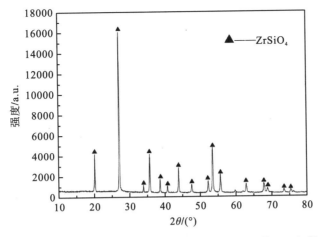

图 3-22 川南德昌茨达碱性岩产出锆英石[(225±2)Ma]XRD 衍射曲线

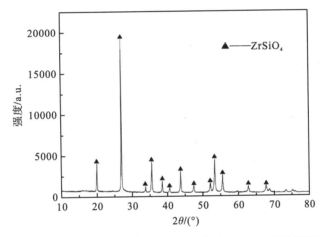

图 3-23 内蒙古白音宝力道花岗斑岩产出锆英石[(439.8±4.3)Ma]XRD 衍射曲线

2. 锆英石的微观结构

利用 Chekcell 软件对念青唐古拉黑云母二长花岗岩、桂东北同安石英二长岩、川南德昌茨达碱性岩及内蒙古白音宝力道花岗斑岩所产出锆英石的晶胞参数进行计算,其计算结果如表 3-1 所示。通过表 3-1 可以看出:与标准卡片 PDF06-0266 中锆英石的晶胞参数相比较,念青唐古拉黑云母二长花岗岩产出的锆英石晶胞参数变化为:$\Delta a = \Delta b = 0.0011nm$、$\Delta c = 0.00123nm$、$\Delta \alpha = \Delta \beta = \Delta \gamma = 0°$;桂东北同安石英二长岩产出的锆英石晶胞参数变化为:$\Delta a = \Delta b = -0.00038nm$、$\Delta c = 0.00093nm$、$\Delta \alpha = \Delta \beta = \Delta \gamma = 0°$;川南德昌茨达碱性岩产出的锆英石晶胞参数变化为:$\Delta a = \Delta b = -0.00013nm$、$\Delta c = 0.00001nm$、$\Delta \alpha = \Delta \beta = \Delta \gamma = 0°$;内蒙古白音宝力道花岗斑岩产出的锆英石晶胞参数变化为:$\Delta a = \Delta b = 0.00129nm$、$\Delta c = 0.00122nm$、$\Delta \alpha = \Delta \beta = \Delta \gamma = 0°$;研究样品的晶胞参数变化程度整体上非常有限,与标准样品相比整体变化范围主要集中在 $10^{-5} \sim 10^{-3}nm$ 量级。

表 3-1　岩浆岩中产出锆英石晶胞参数计算结果

样品	晶胞参数					
	a/nm	b/nm	c/nm	α/(°)	β/(°)	γ/(°)
PDF06-0266	0.66040	0.66040	0.59790	90	90	90
锆英石[念青唐古拉黑云母二长花岗岩，(11.01±0.24)Ma]	0.66150	0.66150	0.59913	90	90	90
锆英石[桂东北同安石英二长岩，(160±4)Ma]	0.66002	0.66002	0.59883	90	90	90
锆英石[川南德昌茨达碱性岩，(225±2)Ma]	0.66027	0.66027	0.59791	90	90	90
锆英石[内蒙古白音宝力道花岗斑岩，(439.8±4.3)Ma]	0.66169	0.66169	0.59912	90	90	90

图 3-24～图 3-27 分别为念青唐古拉黑云母二长花岗岩、桂东北同安石英二长岩、川南德昌茨达碱性岩及内蒙古白音宝力道花岗斑岩所产出锆英石的激光 Raman 光谱。研究中以锆英石激光 Raman 光谱中 SiO_4 四面体反伸缩振动峰（1000cm^{-1}左右）的强度（H）和长度中点垂线部位峰的半高宽（W）的比值，即无序化系数（H/W）来研究样品的无序化程度，其计算结果如表 3-2 所示。其中半高宽（W）是通过 Thermo Fisher Scientific 的 OMNIC 软件加入 Macro 插件进行拟合计算的，其中 1000cm^{-1} 位置的半高宽拟合范围为 980～1030cm^{-1}。通过表 3-2 可以看出，研究样品 Raman 光谱中 1000cm^{-1} 位置附散射峰的 H/W 值分别为 23075.0035、10755.3285、8685.9813、5129.7316。

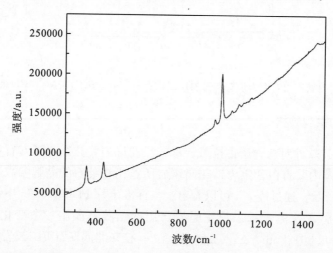

图 3-24　念青唐古拉黑云母二长花岗岩产出锆英石[(11.01±0.24)Ma]激光 Raman 光谱

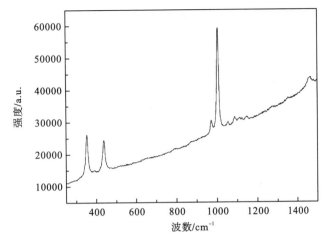

图 3-25　桂东北同安石英二长岩产出锆英石[(160±4)Ma]激光 Raman 光谱

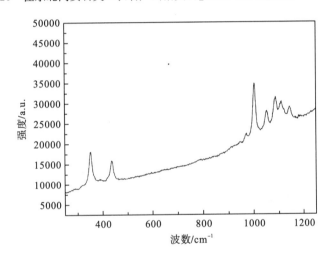

图 3-26　川南德昌茨达碱性岩产出锆英石[(225±2)Ma]激光 Raman 光谱

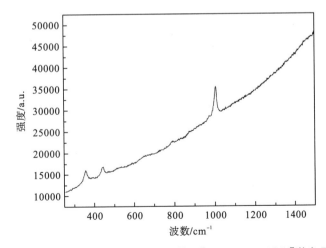

图 3-27　内蒙古白音宝力道花岗斑岩产出锆英石[(439.8±4.3)Ma]激光 Raman 光谱

表 3-2　岩浆岩中产出锆英石激光 Raman 光谱在 1000cm⁻¹ 位置附近散射峰 H/W 计算结果

样品	峰位/cm⁻¹	峰强(H)	半高宽(W)/cm⁻¹	H/W
锆英石[念青唐古拉黑云母二长花岗岩，(11.01±0.24)Ma]	1005.91	211751	9.17664	23075.0035
锆英石[桂东北同安石英二长岩，(160±4)Ma]	1004.31	108143	10.05483	10755.3285
锆英石[川南德昌茨达碱性岩，(225±2)Ma]	1002.70	101140	11.64405	8685.9813
锆英石[内蒙古白音宝力道花岗斑岩，(439.8±4.3)Ma]	1001.10	64548.9	12.58329	5129.7316

　　念青唐古拉黑云母二长花岗岩、桂东北同安石英二长岩、川南德昌茨达碱性岩及内蒙古白音宝力道花岗斑岩所产出锆英石的 IR 光谱分别如图 3-28～图 3-31 所示。通过对 Thermo Fisher Scientific 的 OMNIC 软件加入 Macro 插件对研究样品 610cm⁻¹ 位置附近吸收峰的半高宽(W)进行的拟合计算，拟合范围为 600～620cm⁻¹，其计算结果如表 3-3 所示。

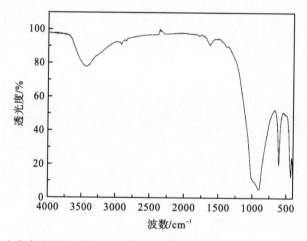

图 3-28　念青唐古拉黑云母二长花岗岩产出锆英石[(11.01±0.24)Ma]IR 光谱

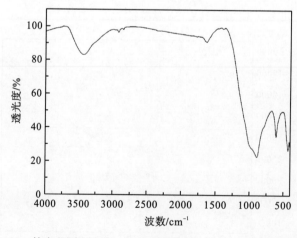

图 3-29　桂东北同安石英二长岩产出锆英石[(160±4)Ma]IR 光谱

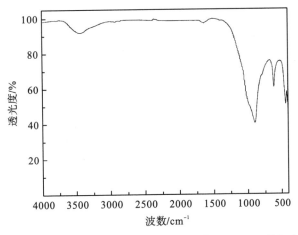

图 3-30　川南德昌茨达碱性岩产出锆英石[(225±2)Ma]IR 光谱

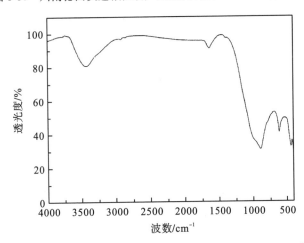

图 3-31　内蒙古白音宝力道花岗斑岩产出锆英石[(439.8±4.3)Ma]IR 光谱

表 3-3　岩浆岩产出锆英石 IR 光谱在 610cm⁻¹ 位置附近吸收峰半高宽计算结果

样品	峰位/cm⁻¹	半高宽(W)/cm⁻¹
锆英石[念青唐古拉黑云母二长花岗岩，(11.01±0.24)Ma]	613.0	12.13203
锆英石[桂东北同安石英二长岩，(160±4)Ma]	611.7	11.64819
锆英石[川南德昌茨达碱性岩，(225±2)Ma]	612.9	12.56461
锆英石[内蒙古白音宝力道花岗斑岩，(439.8±4.3)Ma]	611.4	11.80745

3. 锆英石的微观形貌

1)念青唐古拉黑云母二长花岗岩产出锆英石

该岩石中所产出的锆英石颜色由浅黄到无色，外形以柱状为主，自形完整，聚形组成为多数晶面光滑、晶棱平直。利用阴极发光及背散射电子对锆英石颗粒进行镜下观察，测试结果如图 3-32、图 3-33 所示。锆英石的阴极发光影像上可见清晰的自形生长环带，具有典型的岩浆结晶锆英石特征。

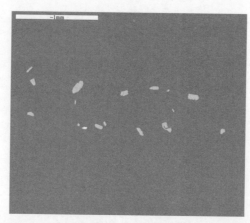

图 3-32　念青唐古拉黑云母二长花岗岩产出锆英石[(11.01±0.24)Ma]多晶粒 CL 照片

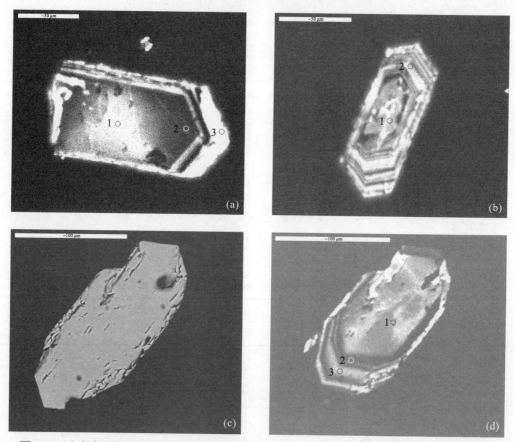

图 3-33　念青唐古拉黑云母二长花岗岩产出锆英石[(11.01±0.24)Ma]单晶粒 CL 和 BSE 照片
图(a)为 1 号晶粒，图(b)为 2 号晶粒，图(c)和图(d)为 3 号晶粒，图中数字为电子探针打点位置

2)云南鹤庆透辉花岗斑岩产出锆英石

在阴极发光及背散射电子成像下该岩石中所产出的锆英石具有明显的岩浆成因特征，如图 3-34、图 3-35 所示。

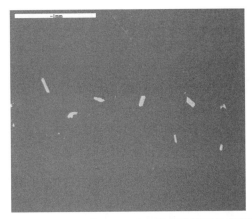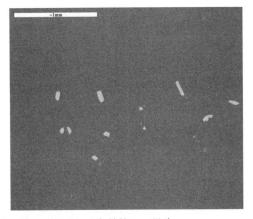

图 3-34　云南鹤庆透辉石花岗斑岩产出锆英石(34Ma)多晶粒 CL 照片

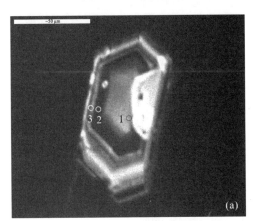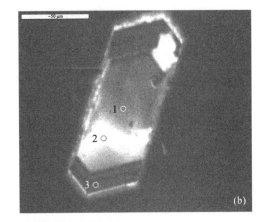

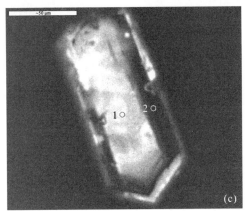

图 3-35　云南鹤庆透辉石花岗斑岩产出锆英石(34Ma)单晶粒 CL 和 BSE 照片

图(a)为 1 号晶粒，图(b)为 2 号晶粒，图(c)为 3 号晶粒，图中数字为电子探针打点位置

3)广西大厂斑状花岗岩产出锆英石

该岩石中所产出的锆英石在阴极发光及背散射电子成像下具有明显的岩浆成因特征，如图 3-36、图 3-37 所示。

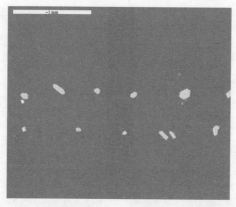

图 3-36　广西大厂斑状花岗岩产出锆英石[(91±1)Ma]多晶粒 CL 照片

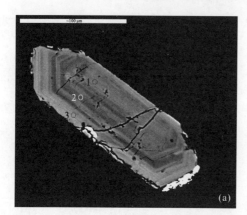 

图 3-37　广西大厂斑状花岗岩产出锆英石[(91±1)Ma]单晶粒 BSE 照片

图(a)为 1 号晶粒，图(b)为 2 号晶粒，图中数字为电子探针打点位置

4)桂东北同安石英二长岩产出锆英石

该岩石中所产出的锆英石为浅棕黄色，呈长柱状至短柱状，沿(110)和(100)晶面发育，其自形的柱状晶体清晰可见，且在阴极发光及背散射式影像下具有明显的岩浆成因特征，如图 3-38、图 3-39 所示。

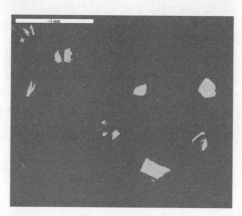

图 3-38　桂东北同安石英二长岩产出锆英石[(160±4)Ma]多晶粒 CL 照片

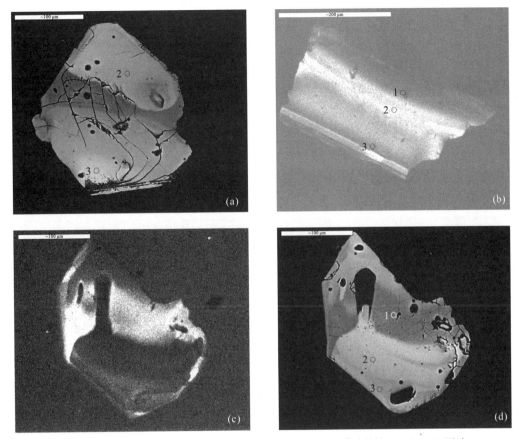

图 3-39　桂东北同安石英二长岩产出锆英石[(91±1)Ma]单晶粒 CL 和 BSE 照片

图(a)为 1 号晶粒，图(b)为 2 号晶粒，图(c)和图(d)为 3 号晶粒，图中数字为电子探针打点位置

5）川南德昌茨达碱性岩产出锆英石

　　该岩石中所产出的锆英石为浅棕黄色，呈长柱状至短柱状，沿(110)和(100)晶面发育，自形的柱状晶体清晰可见，阴极发光及背散射式影像下有明显的岩浆成因特征，如图 3-40、图 3-41 所示。

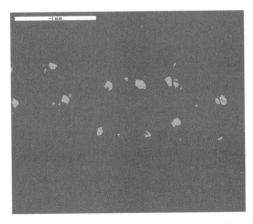

图 3-40　川南德昌茨达碱性岩产出锆英石[(225±2)Ma]多晶粒 CL 照片

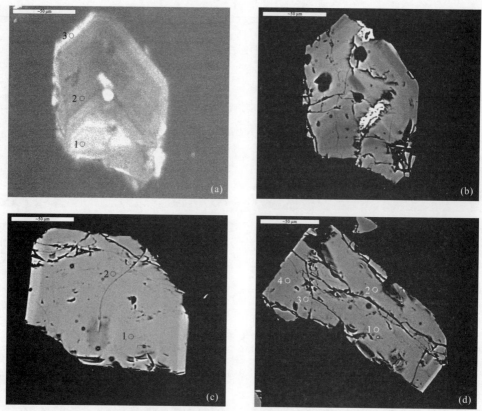

图 3-41　川南德昌茨达碱性岩产出锆英石[(225±2)Ma]单晶粒 CL 照片

图(a)为 1 号晶粒 CL 照片，图(b)为 1 号晶粒 BSE 照片，图(c)为 2 号晶粒 BSE 照片，

图(d)为 3 号晶粒 BSE 照片，图中数字为电子探针打点位置

6)内蒙古白音宝力道花岗斑岩产出锆英石

研究中分选出的锆英石颜色由浅黄—无色，外形以柱状为主，自形完整，聚形组成
为多数晶面光滑、晶棱平直。利用阴极发光及背散射式影像对念青唐古拉花岗岩中所选
出的锆英石颗粒进行观察，如图 3-42、图 3-43 所示。其阴极发光和背散射影像上具有明
显的岩浆成因特征，系典型的岩浆结晶锆英石。

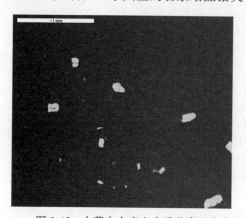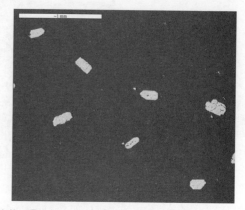

图 3-42　内蒙古白音宝力道花岗斑岩产出锆英石[(439.8±4.3)Ma]多晶粒 BSE 照片

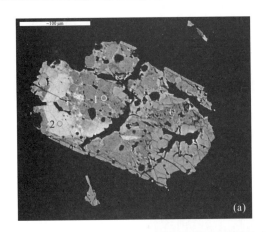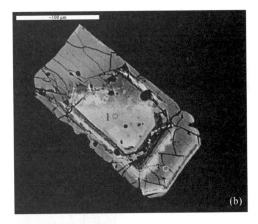

图 3-43　内蒙古白音宝力道花岗斑岩产出锆英石[(439.8±4.3)Ma]单晶粒 BSE 照片[10]

图(a)为 1 号晶粒，图(b)为 2 号晶粒，图(c)为 3 号晶粒，图中数字为电子探针打点位置

7)陕西丹凤县花岗岩产出锆英石

研究中所分选出的锆英石为长柱状、无色透明自形晶，颗粒长宽比介于(2∶1)～(4∶1)。利用阴极发光及背散射式影像对该锆英石颗粒进行观察，如图 3-44、图 3-45 所示。锆英石的阴极发光图像显示岩浆结晶成分环带特征，个别锆英石晶体内有不规则状残留锆英石出现。

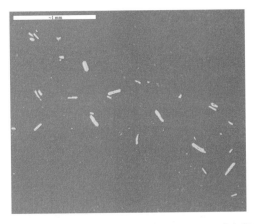

图 3-44　陕西丹凤县花岗岩产出锆英石[(889±10)Ma]多晶粒 CL 照片

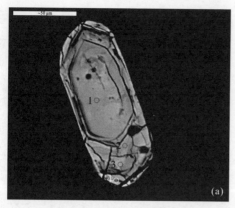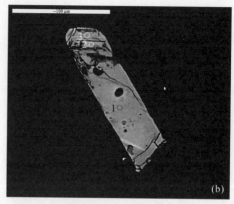

图 3-45　陕西丹凤县花岗岩产出锆英石[(889±10)Ma]单晶粒 BSE 照片

图(a)为 1 号晶粒，图(b)为 2 号晶粒，图中数字为电子探针打点位置

8)山西受禄黑云角闪二长花岗岩产出锆英石

该岩石中分选出的锆英石自形完整，颗粒较大，粒径主要集中在 0.1～0.2mm，显淡玫瑰色，光泽强，透明度较好。利用阴极发光及背散射式影像对该锆英石颗粒进行观察，如图 3-46、图 3-47 所示。锆英石的阴极发光图像明显显示出岩浆结晶成分环带特征，系岩浆成因锆英石。

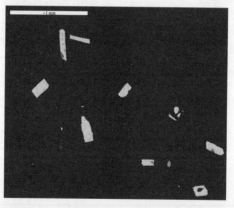

图 3-46　山西受禄黑云角闪二长花岗岩产出锆英石[(1758±14)Ma]单晶粒 BSE 照片

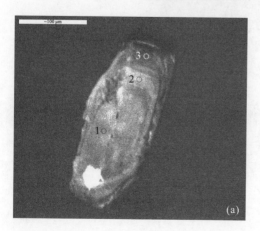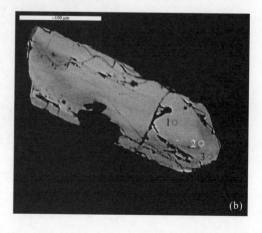

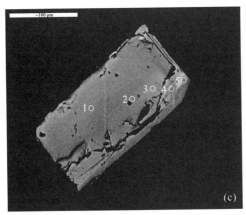 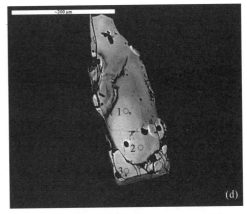

图 3-47　山西受禄黑云角闪二长花岗岩产出锆英石[(1758±14)Ma]单晶粒 CL 和 BSE 照片

图(a)为 1 号晶粒，图(b)为 2 号晶粒，图(c)为 3 号晶粒，图(d)为 4 号晶粒，图中数字为电子探针打点位置

9)山西中条山花岗闪长质片麻岩产出锆英石

利用阴极发光及背散射式电子对锆英石颗粒进行观察结果如图 3-48、图 3-49 所示。该锆英石的阴极发光图像显示出岩浆结晶成分环带特征，系典型岩浆成因锆英石。

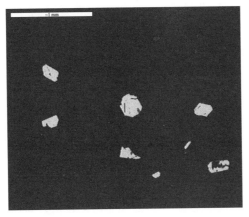

图 3-48　山西中条山花岗闪长质片麻岩产出锆英石[(2256±35)Ma]多晶粒 BSE 照片

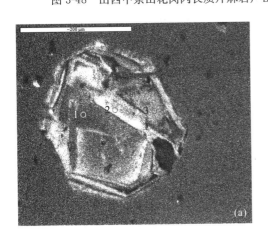 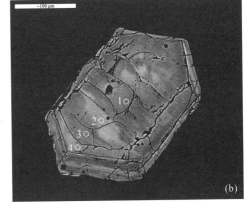

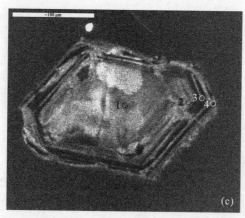

图 3-49　山西中条山花岗闪长质片麻岩产出锆英石[(2256±35)Ma]多晶粒 BSE 照片

图(a)为 1 号晶粒，图(b)为 2 号晶粒，图(c)为 3 号晶粒，图中数字为电子探针打点位置)

4. 锆英石的化学组成

利用电子探针对采集的锆英石样品中随机选取的锆英石颗粒进行元素分析，其分析位置分别如图 3-32～图 3-49 中锆英石颗粒阴极发光和背散射照片中带有数字标号的位置，测试结果如表 3-4～表 3-12 所示。

(1)念青唐古拉黑云母二长花岗岩产出锆英石化学组成(表 3-4)：通过表 3-4 可以看出念青唐古拉黑云母二长花岗岩产出的锆英石经过(11.01±0.24)Ma 的地质演变，锆英石中 ZrO_2、SiO_2、HfO_2、Y_2O_3、UO_2、ThO_2 和 PbO_2 的平均质量百分含量分别为 64.3863%、32.3775%、1.6288%、0.0218%、0.4533%、0.1196% 和 0.0005%，其中 UO_2 和 ThO_2 在锆英石中的总质量百分含量为 0.5729%。

(2)云南鹤庆透辉石花岗斑岩产出锆英石化学组成(表 3-5)：锆英石经过 34Ma 左右的地质演变，锆英石副矿物中 ZrO_2、SiO_2、HfO_2、Y_2O_3、UO_2、ThO_2 和 PbO_2 的平均质量百分含量分别为 64.4588%、32.5825%、1.3613%、0.0675%、0.1239%、0.1406% 和 0.0014%，其中 UO_2 和 ThO_2 在锆英石中的总质量百分含量为 0.2645%。

(3)广西大厂斑状花岗岩产出锆英石化学组成(表 3-6)：经过(91±1)Ma 的地质演变，锆英石中 ZrO_2、SiO_2、HfO_2、Y_2O_3、UO_2、ThO_2 和 PbO_2 的平均质量百分含量分别为 63.3240%、32.0940%、2.0480%、0.4220%、1.3126%、0.0136% 和 0.0018%，其中 UO_2 和 ThO_2 在锆英石中的总质量百分含量达到 1.3262%。

(4)桂东北同安石英二长岩产出锆英石化学组成(表 3-7)：经(160±4)Ma 的地质演变，锆英石中 ZrO_2、SiO_2、HfO_2、Y_2O_3、UO_2、ThO_2 和 PbO_2 的平均质量百分含量分别为 64.6411%、32.5844%、1.6700%、0.0339%、0.2461%、0.0682% 和 0.0212%，其中 UO_2 和 ThO_2 在锆英石中的总质量百分含量为 0.3143%。

(5)川南德昌茨达碱性岩产出锆英石化学组成(表 3-8)：经过(225±2)Ma 的地质演变，锆英石中 ZrO_2、SiO_2、HfO_2、Y_2O_3、UO_2、ThO_2 和 PbO_2 的平均质量百分含量分别为 65.1489%、32.5067%、1.0511%、0.3409%、0.0939%、0.0473% 和 0.0024%，其中 UO_2 和 ThO_2 在锆英石中的总质量百分含量为 0.1412%。

（6）内蒙古白音宝力道花岗斑岩产出锆英石化学组成（表 3-9）：经过（439.8±4.3）Ma 的地质演变，锆英石中 ZrO_2、SiO_2、HfO_2、Y_2O_3、UO_2、ThO_2 和 PbO_2 的平均质量百分含量分别为 64.4229%、31.4357%、1.5114%、0.4637%、0.2794%、0.3004% 和 0.0052%，其中 UO_2 和 ThO_2 在锆英石中的总质量百分含量为 0.5798%。

（7）陕西丹凤县花岗岩产出锆英石化学组成（表 3-10）：经过（889±10）Ma 的地质演变，锆英石中 ZrO_2、SiO_2、HfO_2、Y_2O_3、UO_2、ThO_2 和 PbO_2 的平均质量百分含量分别为 64.1686%、32.1571%、1.6671%、0.1344%、0.3809%、0.0563% 和 0.0044%，其中 UO_2 和 ThO_2 在锆英石中的总质量百分含量为 0.4372%。

（8）山西受禄黑云角闪二长花岗岩产出锆英石化学组成（表 3-11）：经过 1758Ma 左右的地质演变，锆英石中 ZrO_2、SiO_2、HfO_2、Y_2O_3、UO_2、ThO_2 和 PbO_2 的平均质量百分含量分别为 64.5743%、32.4021%、1.3400%、0.0149%、0.0421%、0.0179% 和 0.0049%，其中 UO_2 和 ThO_2 在锆英石中的总质量百分含量为 0.0600%。

（9）山西中条山花岗闪长质片麻岩产出锆英石化学组成（表 3-12）：经过（2256±35）Ma 的地质演变，锆英石中 ZrO_2、SiO_2、HfO_2、Y_2O_3、UO_2、ThO_2 和 PbO_2 的平均质量百分含量分别为 65.2500%、32.3522%、1.4778%、0.0329%、0.1289%、0.0787% 和 0.0130%，其中 UO_2 和 ThO_2 在锆英石中的总质量百分含量为 0.2076%。

通过上述电子探针测试结果可以看出，本研究所使用的岩浆岩中产出锆英石经过 (11.01±0.24)～(2256±35)Ma 的地质演变后，对 UO_2 和 ThO_2 的质量包容量仍介于 0.0600%～1.3262%。

表 3-4　念青唐古拉黑云母二长花岗岩产出锆英石[（11.01±0.24)Ma]化学成分

分析位置 （样品号－位置）	ZrO_2 /%	SiO_2 /%	HfO_2 /%	Y_2O_3 /%	UO_2 /%	ThO_2 /%	PbO_2 /%	总量 /%
1-1	64.7200	32.1300	1.8200	0.0000	0.4870	0.0320	0.0007	99.1887
1-2	64.3200	32.2400	1.6200	0.0000	1.1540	0.1840	0.0009	99.5219
1-3	64.5700	31.7700	1.8800	0.0000	0.2320	0.0370	0.0000	98.4830
2-1	64.8200	31.2200	1.5200	0.0000	0.4500	0.1930	0.0000	98.1950
2-2	64.5200	32.5400	1.7200	0.0000	0.4700	0.2040	0.0003	99.4483
3-1	64.1900	33.0700	1.5600	0.0000	0.1370	0.0560	0.0003	99.0103
3-2	63.9100	33.1000	1.4800	0.0000	0.0780	0.0580	0.0011	98.6271
3-3	64.0400	32.9500	1.4300	0.1740	0.2580	0.1930	0.0004	99.0494
平均值	64.3863	32.3775	1.6288	0.0218	0.4533	0.1196	0.0005	98.9878

表 3-5　云南鹤庆透辉石花岗斑岩产出锆英石（34Ma）化学成分

分析位置 （样品号－位置）	ZrO_2 /%	SiO_2 /%	HfO_2 /%	Y_2O_3 /%	UO_2 /%	ThO_2 /%	PbO_2 /%	总量 /%
1-1	64.2300	32.4800	1.4100	0.0000	0.0480	0.0000	0.0023	98.1693
1-2	64.0500	32.0300	1.5500	0.0000	0.1570	0.0170	0.0024	97.8014
1-3	63.8500	32.9700	1.5500	0.0000	0.1980	0.0360	0.0016	98.6046

分析位置 (样品号-位置)	ZrO₂ /%	SiO₂ /%	HfO₂ /%	Y₂O₃ /%	UO₂ /%	ThO₂ /%	PbO₂ /%	总量 /%
2-1	64.5800	32.8700	0.9600	0.3750	0.1210	0.1680	0.0014	99.0734
2-2	64.6100	32.9300	0.9600	0.0050	0.0460	0.0500	0.0011	98.5941
2-3	65.1400	32.3900	1.3200	0.1600	0.1600	0.7550	0.0008	99.9228
3-1	65.0500	32.3100	1.7200	0.0000	0.1220	0.0270	0.0005	99.2245
3-2	64.1600	32.6800	1.4200	0.0000	0.1390	0.0720	0.0010	98.4650
平均值	64.4588	32.5825	1.3613	0.0675	0.1239	0.1406	0.0014	98.7319

表 3-6　广西大厂斑状花岗岩产出锆英石[(91±1)Ma]化学成分

分析位置 (样品号-位置)	ZrO₂ /%	SiO₂ /%	HfO₂ /%	Y₂O₃ /%	UO₂ /%	ThO₂ /%	PbO₂ /%	总量 /%
1-1	64.4900	32.3900	1.7200	0.1720	0.7560	0.0000	0.0011	99.5321
1-2	64.3500	32.5100	1.5300	0.2380	0.7280	0.0250	0.0010	99.3830
1-3	62.4000	32.3900	1.6900	0.6490	1.3890	0.0300	0.0018	98.5448
2-1	62.1000	31.2100	2.7700	0.8250	2.1600	0.0130	0.0030	99.0830
2-2	63.2800	31.9700	2.5300	0.2260	1.5300	0.0000	0.0022	99.5322
平均值	63.3240	32.0940	2.0480	0.4220	1.3126	0.0136	0.0018	99.2150

表 3-7　桂东北同安石英二长岩产出锆英石[(160±4)Ma]化学成分

分析位置 (样品号-位置)	ZrO₂ /%	SiO₂ /%	HfO₂ /%	Y₂O₃ /%	UO₂ /%	ThO₂ /%	PbO₂ /%	总量 /%
1-1	64.7400	32.6400	1.8800	0.1100	0.3930	0.1420	0.0010	99.9040
1-2	64.1400	32.9600	1.7300	0.0000	0.0760	0.0270	0.0029	98.9399
1-3	63.6200	32.6200	1.8500	0.1680	1.2090	0.1340	0.0038	99.5998
2-1	64.5700	32.6100	1.4700	0.0000	0.0640	0.0590	0.0021	98.7691
2-2	64.3400	32.7700	1.6100	0.0000	0.0430	0.0270	0.0023	98.7863
2-3	65.1200	32.0400	1.3600	0.0000	0.0550	0.0410	0.0027	98.6107
3-1	64.8600	32.8000	1.8600	0.0000	0.0820	0.0330	0.0020	99.6340
3-2	65.1700	32.7200	1.6800	0.0270	0.1970	0.1310	0.0017	99.9277
3-3	65.2100	32.1000	1.5900	0.0000	0.0960	0.0200	0.0027	99.0187
平均值	64.6411	32.5844	1.6700	0.0339	0.2461	0.0682	0.0212	99.2649

表 3-8　川南德昌茨达碱性岩产出锆英石[(225±2)Ma]化学成分

分析位置 (样品号-位置)	ZrO₂ /%	SiO₂ /%	HfO₂ /%	Y₂O₃ /%	UO₂ /%	ThO₂ /%	PbO₂ /%	总量 /%
1-1	65.7300	32.6800	1.1500	0.1920	0.0690	0.0470	0.0028	99.8718
1-2	65.0200	33.0000	1.0800	0.4080	0.1180	0.0670	0.0033	99.6873

续表

分析位置 （样品号－位置）	ZrO₂ /%	SiO₂ /%	HfO₂ /%	Y₂O₃ /%	UO₂ /%	ThO₂ /%	PbO₂ /%	总量 /%
1-3	65.8200	32.7300	1.1700	0.0000	0.0340	0.0160	0.0015	99.7755
2-1	65.2600	31.5000	1.0400	0.4200	0.1160	0.0610	0.0027	98.3987
2-2	65.0300	32.6500	0.9800	0.3530	0.0780	0.0490	0.0036	99.1446
3-1	64.9900	32.3100	0.8000	0.3880	0.0770	0.0540	0.0034	98.6224
3-2	64.8100	32.4200	0.9200	0.4800	0.1270	0.0650	0.0034	98.8274
3-3	64.9200	32.6900	1.5600	0.5770	0.1360	0.0430	0.0012	99.9222
3-4	64.7600	32.5800	0.7600	0.2500	0.0900	0.0240	0.0001	98.4601
平均值	65.1489	32.5067	1.0511	0.3409	0.0939	0.0473	0.0024	99.1912

表 3-9　内蒙古白音宝力道花岗斑岩产出锆英石[(439.8±4.3)Ma]化学成分[10]

分析位置 （样品号－位置）	ZrO₂ /%	SiO₂ /%	HfO₂ /%	Y₂O₃ /%	UO₂ /%	ThO₂ /%	PbO₂ /%	总量 /%
1-1	65.5300	30.7000	1.5700	1.3770	0.3760	0.6160	0.0060	100.1780
1-2	64.0100	32.0200	1.6100	0.0620	0.3970	0.0630	0.0040	98.1660
2-1	65.4100	32.2300	1.2500	0.1250	0.3240	0.1960	0.0056	99.5436
2-2	65.3800	32.7800	1.4500	0.0000	0.0970	0.0300	0.0025	99.7385
2-3	65.2200	32.2300	1.4600	0.0000	0.1780	0.0400	0.0056	99.1326
3-1	62.8000	30.9500	1.6700	0.6210	0.3160	0.4790	0.0071	96.8411
3-2	62.6100	29.1400	1.5700	1.0610	0.2680	0.6790	0.0057	95.3357
平均值	64.4229	31.4357	1.5114	0.4637	0.2794	0.3004	0.0052	98.4187

表 3-10　陕西丹凤县花岗岩产出锆英石[(889±10)Ma]化学成分

分析位置 （样品号－位置）	ZrO₂ /%	SiO₂ /%	HfO₂ /%	Y₂O₃ /%	UO₂ /%	ThO₂ /%	PbO₂ /%	总量 /%
1-1	65.4800	32.4900	1.6400	0.0000	0.3530	0.0440	0.0042	100.0072
1-2	65.5500	32.6300	1.4100	0.1190	0.2750	0.0540	0.0039	100.0409
1-3	64.7200	32.6800	1.9200	0.0000	0.3260	0.0060	0.0040	99.6530
1-4	62.2500	31.6600	1.8600	0.2900	0.4480	0.0240	0.0036	96.5386
2-1	65.3700	32.6600	1.9100	0.0740	0.4680	0.0320	0.0043	100.5163
2-2	61.4300	30.5300	1.3000	0.3060	0.2780	0.1570	0.0041	94.0091
2-3	64.3800	32.4500	1.6300	0.1520	0.5180	0.0770	0.0064	99.2134
平均值	64.1686	32.1571	1.6671	0.1344	0.3809	0.0563	0.0044	98.5684

表 3-11　山西受禄黑云角闪二长花岗岩产出锆英石[(1758±14)Ma]化学成分

分析位置 (样品号－位置)	ZrO$_2$ /%	SiO$_2$ /%	HfO$_2$ /%	Y$_2$O$_3$ /%	UO$_2$ /%	ThO$_2$ /%	PbO$_2$ /%	总量 /%
1-1	64.2700	32.7700	1.2800	0.0000	0.0180	0.0130	0.0033	98.3463
1-2	64.8200	32.7600	1.3000	0.0000	0.0280	0.0000	0.0053	98.9113
1-3	58.0500	30.6600	1.0900	0.2080	0.2330	0.1460	0.0080	90.3940
2-1	65.7500	32.4800	1.2400	0.0000	0.0350	0.0120	0.0060	99.5190
2-2	65.9500	32.8400	1.2600	0.0000	0.0070	0.0050	0.0084	100.0644
2-3	64.7100	32.6700	1.2500	0.0000	0.0240	0.0000	0.0000	98.6580
3-1	64.8100	32.0800	1.2900	0.0000	0.0260	0.0000	0.0039	98.2099
3-2	64.6100	32.8800	1.3100	0.0000	0.0240	0.0000	0.0037	98.8317
3-3	64.9300	32.2700	1.2500	0.0000	0.0180	0.0110	0.0055	98.4805
3-4	64.1800	32.8400	1.4900	0.0000	0.0040	0.0160	0.0042	98.5262
3-5	64.9300	31.9300	1.8500	0.0000	0.0760	0.0070	0.0066	98.7966
4-1	65.5400	32.5800	1.4300	0.0000	0.0380	0.0110	0.0020	99.6000
4-2	65.9800	32.6500	1.3500	0.0000	0.0380	0.0150	0.0075	100.0385
4-3	65.5100	32.2200	1.3700	0.0000	0.0210	0.0140	0.0045	99.1385
平均值	64.5743	32.4021	1.3400	0.0149	0.0421	0.0179	0.0049	98.3939

表 3-12　山西中条山花岗闪长质片麻岩产出锆英石[(2256±35)Ma]化学成分

分析位置 (样品号－位置)	ZrO$_2$ /%	SiO$_2$ /%	HfO$_2$ /%	Y$_2$O$_3$ /%	UO$_2$ /%	ThO$_2$ /%	PbO$_2$ /%	总量 /%
1-1	65.8100	32.3000	1.4800	0.0000	0.0580	0.0190	0.0083	99.6683
1-2	64.2800	31.9900	2.5700	0.0000	0.1960	0.0150	0.0166	99.0686
1-3	65.0100	32.0900	1.4300	0.1990	0.1230	0.1090	0.0171	98.9831
2-1	65.4900	32.7800	1.3400	0.0000	0.0770	0.0340	0.0078	99.7288
2-2	64.3300	32.1600	1.2500	0.0340	0.1070	0.0640	0.0108	97.9548
2-3	65.9600	32.8700	1.2300	0.0000	0.0640	0.0460	0.0117	100.1807
2-4	65.8500	32.2500	1.4100	0.0000	0.0510	0.0180	0.0050	99.5830
3-1	65.4600	32.7000	1.2500	0.0000	0.0930	0.0260	0.0166	99.5436
3-2	65.0600	32.0300	1.3400	0.0630	0.1400	0.0900	0.0192	98.7412
3-3	64.1100	31.9400	1.2600	0.2830	0.2350	0.2810	0.0174	98.1284
3-4	64.6300	31.8800	1.7400	0.1340	0.2740	0.1640	0.0123	98.8273
平均值	65.2500	32.3522	1.4778	0.0329	0.1289	0.0787	0.0130	99.1280

3.4　γ 射线辐照效应

当锆英石中含有一定量 U 和 Th 等放射性核素时，在它们的衰变过程中会产生出一定的放射性射线，并伴随有核的反冲作用等效应发生，这一切都会影响到固化体结构的稳定性。当射线辐射剂量达到一定的极限值时就会导致晶体结构的瓦解。目前，已在结构破坏较严重的锆英石中发现大量 U^{4+}、Th^{4+}、Zr^{4+} 和 Si^{4+} 等离子以 UO_2、ThO_2、ZrO_2 和 SiO_2 等氧化物的形式存在，普遍认为是自辐照所致。故本研究所使用的 γ 射线辐照剂量以导致 $ZrSiO_4$ 分解为 ZrO_2 和 SiO_2 所需要的能量值为依据，适当对其剂量值进行选取。根据化学反应的焓变公式：

$$\Delta_r H_m^\theta(298.15\text{K}) = \sum_B (P_B \Delta_f H_m^\theta)_物 - \sum_B (R_B \Delta_f H_m^\theta)_{反物} = \sum_B \nu_B \Delta_f H_m^\theta(B)$$

$$(3\text{-}1)$$

式中，$\Delta_r H_m^\theta(298.15\text{K})$ ——标况下反应的标准摩尔焓变，kJ/mol；

$\Delta_f H_m^\theta$ ——物质的标准摩尔生成焓，kJ/mol；

P_B ——产物在方程式中的计量系数；

R_B ——反应物在方程式中的计量系数；

ν_B ——化学反应计量系数。

反应 $ZrSiO_4 \xrightarrow{298.15\text{K}, p^\theta} ZrO_2 + SiO_2$ 的 $\Delta_r H_m^\theta(298.15\text{K})$ 为

$$\Delta_r H_m^\theta(298.15\text{K}) = \Delta_f H_{m,ZrO_2}^\theta + \Delta_f H_{m,SiO_2}^\theta - \Delta_f H_{m,ZrSiO_4}^\theta = 15.481\text{kJ/mol} \quad (3\text{-}2)$$

研究中所使用的 γ 射线剂量值为 1.04×10^2 kJ/mol，约合 576kGy，约为 $\Delta_r H_m^\theta(298.15\text{K})$ 的 6.7 倍。因此，选用剂量理论上足够导致 $ZrSiO_4$ 分解为 ZrO_2 和 SiO_2。

γ 光子为波长较短的电磁波，能量通常为 2~1200keV，本研究选择 1.33MeV 的中能 γ 光子为辐照射线。辐照剂量率设定为 91.60Gy/min，则每摩尔锆英石 1s 所受 γ 光子辐照数目 N 为

$$N = H/E_r = 1.31 \times 10^{15}/(\text{s} \cdot \text{mol}) \quad (3\text{-}3)$$

式中，H ——γ 射线辐照剂量率，J/(s·mol)；

E_r ——γ 光子能量，J。

由于云南鹤庆透辉石花岗斑岩、广西大厂斑状花岗岩、陕西丹凤县花岗岩、山西受禄黑云角闪二长花岗岩和山西中条山花岗闪长质片麻岩中锆英石副矿物的丰度值相对较低，故开展 γ 射线对岩浆成因锆英石辐照实验中所选用的样品为随机抽取的念青唐古拉黑云母二长花岗岩、桂东北同安石英二长岩、川南德昌茨达碱性岩和内蒙古白音宝力道花岗斑岩中所产出的锆英石（未研磨，各 1~5g）。利用 ^{60}Co 源 γ 射线辐照装置在空气中对锆英石开展 γ 射线加速辐照实验，辐照剂量设定为 576kGy，射线能量为 1.33MeV，辐射源活度为 15 万 Ci(5.55×10^{15}Bq)，辐射源排列方式为单板辐射，剂量测试系统为重铬酸银化学剂量测试系统，剂量计为低重铬酸银化学剂量计。

3.4.1　辐照后样品的物相变化

念青唐古拉黑云母二长花岗岩、桂东北同安石英二长岩、川南德昌茨达碱性岩和内蒙古白音宝力道花岗斑岩产出锆英石在经设定辐照剂量为 576kGy 的 γ 射线辐照过程中，利用重铬酸银化学剂量测试系统对辐照后所得样品实际接受的辐照剂量进行分析，得出

其实际总辐照剂量为 576kGy。

　　γ 射线加速辐照后样品的 XRD 衍射曲线分别如图 3-50～图 3-53 所示，通过 XRD 衍射数据可以看出：研究样品虽然经过 576kGy 的 γ 射线加速辐照，但并未发现有其他新相的生成和物相的分解，主物相依然以 ZrSiO₄ 物相为主。与辐照前锆英石的 XRD 衍射曲线(图 3-20～图 3-23)相比，样品经 γ 射线加速辐照后，虽然主物相仍以 ZrSiO₄ 物相为主，但其 XRD 衍射曲线衍射峰的强度总体表现出了微弱的下降趋势，这表明样品经 γ 射线辐照后，其晶体无序化程度仅出现了微弱的增强。

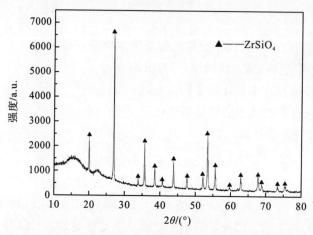

图 3-50　γ 射线(576.8kGy)辐照后念青唐古拉黑云母二长花岗岩产出锆英石
[(11.01±0.24)Ma]XRD 衍射曲线

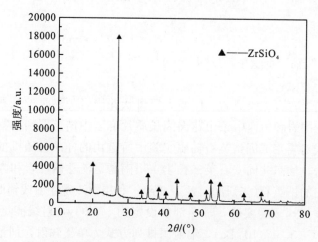

图 3-51　γ 射线(576.8kGy)辐照后桂东北同安石英二长岩产出锆英石[(160±4)Ma]XRD 衍射曲线

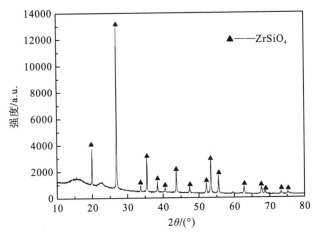

图 3-52　γ 射线(576.8kGy)辐照后川南德昌茨达碱性岩产出锆英石[(225±2)Ma]XRD 衍射曲线

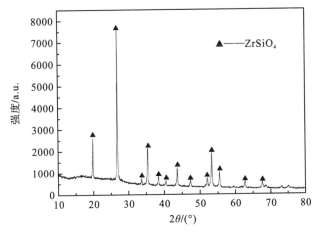

图 3-53　γ 射线(576.8kGy)辐照后内蒙古白音宝力道花岗斑岩产出锆英石
[(439.8±4.3)Ma]XRD 衍射曲线[10]

3.4.2　辐照后样品的微观结构变化

利用 Chekcell 软件对 γ 射线加速辐照后样品的晶胞参数进行计算，其计算结果如表
3-13 所示，结合辐照前锆英石的晶胞参数计算结果(表 3-1)可以看出：γ 射线加速辐照后
念青唐古拉黑云母二长花岗岩所产出锆英石的晶胞参数较辐照前变化为：$\Delta a' = \Delta b' = -0.00069$nm、$\Delta c' = -0.00045$nm、$\Delta \alpha' = \Delta \beta' = \Delta \gamma' = 0$°；γ 射线加速辐照后桂东北同安
石英二长岩所产出锆英石的晶胞参数较辐照前变化为：$\Delta a' = \Delta b' = 0.00199$nm、$\Delta c' = 0.00078$nm、$\Delta \alpha' = \Delta \beta' = \Delta \gamma' = 0$°；γ 射线加速辐照后川南德昌茨达碱性岩所产出锆英石
的晶胞参数较辐照前变化为：$\Delta a' = \Delta b' = 0.00126$ nm、$\Delta c' = 0.00207$nm、$\Delta \alpha' = \Delta \beta' = \Delta \gamma' = 0$°；γ 射线加速辐照后内蒙古白音宝力道花岗斑岩所产出锆英石的晶胞参数较辐照
前变化为：$\Delta a' = \Delta b' = 0.00014$nm、$\Delta c' = 0.00064$nm、$\Delta \alpha' = \Delta \beta' = \Delta \gamma' = 0$°。

表 3-13　γ 射线(576.8kGy)辐照后岩浆岩中产出锆英石晶胞参数计算结果

样品	晶胞参数					
	a/nm	b/nm	c/nm	α/(°)	β/(°)	γ/(°)
PDF06-0266	0.66040	0.66040	0.59790	90	90	90
锆英石[念青唐古拉黑云母二长花岗岩，(11.01±0.24)Ma]	0.66081	0.66081	0.59868	90	90	90
锆英石[桂东北同安石英二长岩，(160±4)Ma]	0.66201	0.66201	0.59961	90	90	90
锆英石[川南德昌茨达碱性岩，(225±2)Ma]	0.66153	0.66153	0.59998	90	90	90
锆英石[内蒙古白音宝力道花岗斑岩，(439.8±4.3)Ma]	0.66183	0.66183	0.59976	90	90	90

图 3-54～图 3-57 为 γ 射线加速辐射后锆英石的激光 Raman 光谱，从谱图中可以读出 1000cm^{-1} 位置附近散射峰的峰高(H)及半高宽(W)，从而计算得到 γ 射线(576.8kGy)辐照后锆英石的激光 Raman 光谱在 1000cm^{-1} 附近散射峰 H/W 值。四种岩浆岩成因的锆英石经 γ 射线辐照后，Raman 光谱主峰 1000cm^{-1} 附近对应的 H、W 及 H/W 值列于表 3-14。通过表 3-14 可以看出，研究样品辐照前后在激光 Raman 光谱中 1000cm^{-1} 位置附近散射峰的 H/W 值分别为 23075.0035、10755.3285、8685.9813、5129.7316、22703.8027、5625.4181、2838.01696 和 2508.2375。可以看出，经加速辐照后研究样品 Raman 光谱中 H/W 值(1000cm^{-1} 位置附近)表现出降低的趋势，这主要是由于锆英石经 γ 射线加速辐照后造成其结构无序化程度增强所致，这与前文 X 射线衍射分析所得出的结果一致。

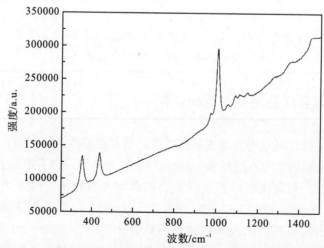

图 3-54　γ 射线(576.8kGy)辐照后念青唐古拉黑云母二长花岗岩产出锆英石
[(11.01±0.24)Ma]激光 Ramn 光谱

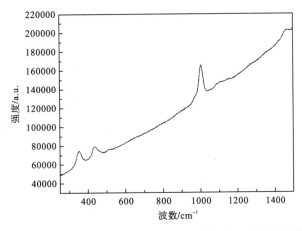

图 3-55　γ 射线(576.8kGy)辐照后桂东北同安石英二长岩产出锆英石
[(160±4)Ma]激光 Raman 光谱

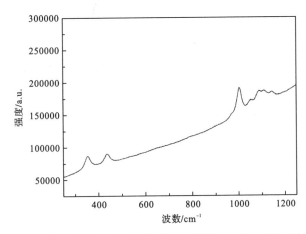

图 3-56　γ 射线(576.8kGy)辐照后川南德昌茨达碱性岩产出锆英石
[(225±2)Ma]激光 Raman 光谱

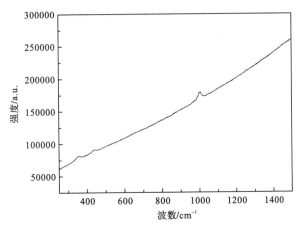

图 3-57　γ 射线(576.8kGy)辐照后内蒙古白音宝力道花岗斑岩产出锆英石
[(439.8±4.3)Ma]激光 Raman 光谱[10]

表 3-14　γ 射线(576.8kGy)辐照后岩浆岩中产出锆英石激光 Raman 光谱在 1000cm⁻¹
位置附近散射峰 H/W 计算结果

样品	峰位/cm⁻¹	峰强(H)	半高宽(W)/cm⁻¹	H/W
锆英石[念青唐古拉黑云母二长花岗岩,(11.01±0.24)Ma]	1005.89	201385	8.8701	22703.8027
锆英石[桂东北同安石英二长岩,(160±4)Ma]	1004.28	59364.7	10.55294	5625.4181
锆英石[川南德昌茨达碱性岩,(225±2)Ma]	1002.68	34771.1	12.2519	2838.01696
锆英石[内蒙古白音宝力道花岗斑岩,(439.8±4.3)Ma]	1001.08	35450.2	14.13351	2508.2375

图 3-58～图 3-61 为 γ 射线加速辐射后锆英石的 IR 光谱,表 3-15 为 γ 射线 (576.8kGy)加速辐照后锆英石 IR 光谱在 610cm⁻¹ 位置附近吸收峰半高宽计算结果。通过表 3-15 可以看出:加速辐照前锆英石样品在 610cm⁻¹ 附近吸收峰的半高宽(表 3-3)比辐照后样品的半高宽要窄一些,这表明研究样品经 γ 射线加速辐照后结构无序化程度增强,这与前文 XRD 和 Raman 测试所得出的结论一致。

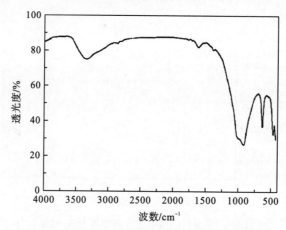

图 3-58　γ 射线(576.8kGy)辐照后念青唐古拉黑云母二长花岗岩产出锆英石
[(11.01±0.24)Ma]IR 光谱

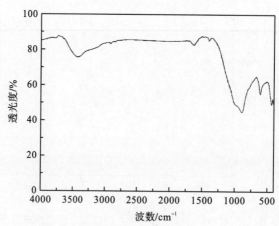

图 3-59　γ 射线(576.8kGy)辐照后桂东北同安石英二长岩产出锆英石
[(160±4)Ma]IR 光谱

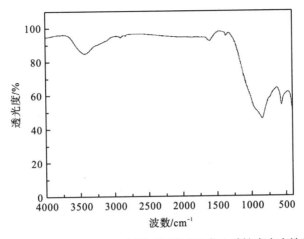

图 3-60　γ 射线(576.8kGy)辐照后川南德昌茨达碱性岩产出锆英石
[(225±2)Ma]IR 光谱

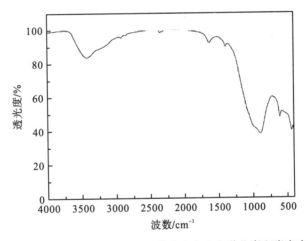

图 3-61　γ 射线(576.8kGy)辐照后内蒙古白音宝力道花岗斑岩产出锆英石
[(439.8±4.3)Ma]IR 光谱[10]

表 3-15　γ 射线(576.8kGy)辐照后岩浆岩中产出锆英石 IR 光谱在 610cm^{-1} 位置附近吸收峰半高宽计算结果

样品	峰位/cm^{-1}	半高宽(W)/cm^{-1}
锆英石[念青唐古拉黑云母二长花岗岩,(11.01±0.24)Ma]	612.7	13.00441
锆英石[桂东北同安石英二长岩,(160±4)Ma]	612.6	12.55586
锆英石[川南德昌茨达碱性岩,(225±2)Ma]	612.9	13.03586
锆英石[内蒙古白音宝力道花岗斑岩,(439.8±4.3)Ma]	611.9	13.19575

通过以上对岩浆岩中所产出锆英石的研究表明:本研究中所使用岩浆成因锆英石经 (11.01±0.24)~(2256±35)Ma 的地质演变后,其对 UO_2 和 ThO_2 的质量包容量仍可介于 0.0600%~1.3262%,并且依然具有较高的结晶度,其晶胞参数的变化程度非常有限,与标准样品相比变化范围主要集中在为 10^{-5}~10^{-3} nm 量级。在对锆英石的 γ 射线加速辐照(576kGy)研究中表明,样品的晶胞参数较辐照前发生了 10^{-4}~10^{-3} nm 量级的轻微变

化，研究剂量范围内 γ 射线对样品的结构影响非常有限。

参 考 文 献

[1] 刘琦胜，吴珍汉，叶培盛，等. 念青唐古拉花岗岩的同位素年龄测定及其地质意义[J]. 地质学报，2005，79
　　(3)：331-335.

[2] 刘红英，夏斌，张玉泉. 云南马头湾透辉石花岗斑岩锆石 SHRIMP U-Pb 年龄研究[J]. 地球学报，2003，24
　　(6)：552-554.

[3] 蔡明海，何龙清，刘国庆，等. 广西大厂锡矿田侵入岩 SHRIMP 锆石 U-Pb 年龄及其意义[J]. 地质评论，2006，
　　52(3)：409-414.

[4] 朱金初，谢才富，张佩华，等. 桂东北牛庙闪长岩和同安石英二长岩：岩石学、锆石 SHRIMP U-Pb 年代学和地
　　球化学[J]. 岩石学报，2005，21(3)：665-676.

[5] 林清茶，夏斌，张玉泉. 川南德昌地区茨达碱性岩锆石 SHRIMP U-Pb 定年[J]. 地质通报，2006，25(3)：
　　398-401.

[6] 张炯飞，庞庆邦，朱群，等. 内蒙古白音宝力道花岗斑岩锆石 SHRIMP U-Pb 定年——白音宝力道金矿成矿主岩
　　的形成时代[J]. 地质通报，2004，23(2)：189-192.

[7] 张成立，刘良，张国伟，等. 北秦岭新元古代后碰撞花岗岩的确定及其构造意义[J]. 地学前缘，2004，11(3)：
　　33-42.

[8] 李惠民，王汝铮. 单颗粒锆石 U-Pb 法判定的凤凰山花岗岩的年龄[J]. 前寒武纪研究进展，1997，20(3)：
　　56-62.

[9] 赵凤清，李惠民，左义成，等. 晋南中条山古元古代花岗岩的锆石 U-Pb 年龄[J]. 地质通报，2006，25(4)：
　　442-447.

[10] 卢喜瑞，崔春龙，张东，等. 地质环境中放射性锆英石的结构演变及抗 γ 射线辐照能力[J]. 西南科技大学学
　　报，2010，25(3)：33-38.

第4章 变质成因锆英石特性及 γ 射线辐照效应

为获取变质成因含核素锆英石的物相、核素包容能力与赋存状态等随时间演变和地质条件变化的规律、尺度等关系。在本章的研究中，采集并从北祁连牛心山变质杂岩[(776±10)Ma]、琼中高级变质杂岩[(1483±13)Ma]及辽宁清原地区角闪变粒岩[(2515±6)Ma]中分选出锆英石矿物，利用偏反多功能显微镜、阴极发光、背散射电子和电子探针等测试表征手段对所获取锆英石的地质年龄和地质背景等进行了研究，并对变质成因锆英石中所包容核素的种类、含量和晶格变化情况及之间的相互关系等进行了初步分析。同时，为获取变质成因锆英石的 γ 射线辐照效应，研究中利用^{60}Co 源 γ 射线辐照装置对锆英石样品开展了加速辐照实验，通过红外光谱、激光拉曼光谱、X 射线衍射等测试表征手段对辐照后样品的结构变化等信息进行了初步探讨。

4.1 样品的采集与分选

4.1.1 北祁连牛心山变质杂岩的采集

北祁连造山带挟持于华北（阿拉善）与中南祁连地块之间，被认为是一个典型的加里东造山带[1]。其造山带最大的特点是在这些早古生代的岩系中镶嵌有大小不一的前寒武纪变质杂岩体。这些前寒武纪变质杂岩体被视为陆壳残块，它们的构造成因可能是飞来峰[1]、滑覆体[2]或华北陆壳裂解过程中残留于其间的陆壳残块[3]。台湾成功大学地球科学系的曾建元等曾采用单颗粒锆英石 SHRIMP U-Pb 法对北祁连牛心山所产出的变质杂岩进行测年分析，得出其地质年龄为(776±10)Ma[4]。本研究所使用的变质杂岩体采自北祁连造山带中段牛心山变质杂岩中扎麻河地区，所采集的岩石样品如图 4-1 所示。

4.1.2 琼中高级变质杂岩的采集

海南岛隶属"华夏古陆"的南延组成部

图 4-1 北祁连牛心山变质杂岩岩石照片

分[5-8]，区内广泛发育海西—燕山期花岗岩和古生界浅变质岩系，前寒武纪基底岩石仅分布在琼西抱板—尧文一带和琼中上安地区。琼西地区的抱板杂岩具有花岗-绿岩系建造特征，时代归属古中元古代[6]，并经历角闪岩相变质、混合岩化和强烈韧性变形再造[5]，其上被低绿片岩相变质的新元古宙石碌群覆盖[9]。在琼中地区，沿长征农场东部公路发育的一套变质火山岩系，主要岩石类型为黑云斜长片麻岩和斜长角闪片麻岩，另有少量麻粒岩和紫苏花岗岩分别呈透镜状和脉状分布其中。片麻岩普遍遭受退化变质和混合岩化，透镜状麻粒岩则是退化变质形成的"残留体"；混合岩化作用主要表现为钾质交代和钾质花岗岩脉的穿插。中国地质科学院宜昌地质矿产研究所的张业明等人曾采用单颗粒锆英石 Pb-Pb 法对海南中部产出的黑云斜长片麻岩进行测年分析，得出其地质年龄为$(1483\pm13)\mathrm{Ma}$[10]。本研究所使用的黑云斜长片麻岩样品采自长征农场东部公路旁的采石场，所采集的岩石样品如图 4-2 所示。

图 4-2　琼中高级变质杂岩岩石照片

4.1.3　辽宁清原地区角闪变粒岩的采集

根据新的研究，与以往主要不同之处是把原浑南群和清原群合并，统称为清原群，时代为新太古代。浑河断层不具备划分太古宙不同时代基底的构造意义，其南北两侧太古宙基底的形成时代、岩石组合、变质变形可以对比。但是与浑河断层南侧相比，其北侧太古宙基底表壳岩系出露更多，角闪岩相变质地体比例更大，有一定差异存在。小莱河、汤图、通什、清原北部等地的表壳岩系较多出露，（透辉）斜长角闪岩、（透辉）角闪变粒岩、黑云变粒岩互层产出，在小莱河还有条带状磁铁石英岩存在。变质原岩为拉斑玄武岩、安山岩、英安岩及相应的火山碎屑沉积岩组合。变质沉积岩系在红透山等地较多出露，变质地层主要由不同类型变粒岩组成，也有一定数量斜长角闪岩存在。辽北太古宙基底 TTG 花岗质岩石广泛分布比例在

图 4-3　辽宁清原地区角闪变粒岩岩石照片

80%以上。中国地质科学院地质研究所的万渝生等曾采用单颗粒锆英石 SHRIMP U-Pb 法对辽宁小来河矿区所产出的角闪变粒岩样品进行测年分析，得出其地质年龄为(2515± 6)Ma[11]。本研究所使用的角闪变粒岩样品采自辽宁小来河矿区，如图 4-3 所示。

4.1.4　样品的分选

岩石样品中锆英石副矿物的分选是在河北区域地质矿产调查研究的帮助下完成的，其分选方法及流程详见前文 3.1.2 节。

4.2　锆英石母岩的岩石学特征

本部分研究中所使用的岩石薄片是在川西北地质队实验室的帮助下完成的。利用 Laborlux12 pol 型偏反多功能显微镜(德国 Leitz)对北祁连牛心山变质杂岩、琼中高级变质杂岩和辽宁清原地区角闪变粒岩的岩石薄片进行镜下观察，具体研究结果如下。

1. 北祁连牛心山变质杂岩的岩石学特征

通过肉眼及偏反多功能显微镜对所采集的北祁连牛心山变质杂岩进行观察鉴定，发现其主要矿物组成为斜长石、钾长石、黑云母、石英、白云母和钛铁矿。岩相组织上由斜长石、钾长石、黑云母和白云母构成片理与片麻理状，岩石薄片在偏反多功能显微镜下的照片如图 4-4 所示。斜长石成分变化大(钙长石含量 3%~51%)，黑云母镁分率为 $X_{Mg}=0.38\sim0.43$。大部分矿物已出现明显受到剪应力拉长的现象，石英呈条带状组织结构，表明已受到糜棱岩化作用。虽然牛心山片麻状花岗岩具有较明显的动力变形特征，但其围岩的变质度仅达绿片岩相至绿帘角闪岩相，显然属于浅变质侵入岩。

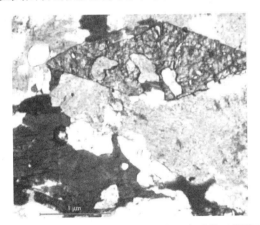 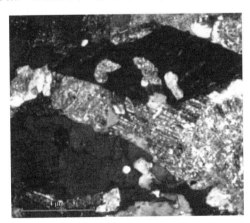

图 4-4　偏反多功能显微镜下北祁连牛心山变质杂岩照片

2. 琼中高级变质杂岩的岩石学特征

借助利用偏反多功能显微镜对琼中高级变质杂岩的岩石薄片进行镜下观察，样品在显微镜下的照片如图 4-5 所示。通过观察发现：该岩石的主要矿物组成为黑云母、斜长石、微斜长石和石英，副矿物主要为锆英石、磷灰石和磁铁矿等，经鉴定为黑云斜长片麻岩，系变质成因。

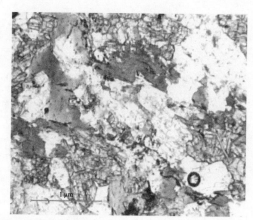

图 4-5　偏反多功能显微镜下琼中高级变质杂岩照片

3. 辽宁清原地区角闪变粒岩的岩石学特征

通过肉眼及偏反多功能显微镜对辽宁清原地区角闪变粒岩的岩石样品进行观察鉴定，样品在偏反多功能显微镜下的照片如图 4-6 所示。通过观察发现样品的主要矿物组成为角闪石和钾长石，鉴定为变质成因的角闪变粒岩。

图 4-6　偏反多功能显微镜下辽宁清原地区角闪变粒岩照片

4.3　锆英石的矿物学特征

1. 锆英石的物相

北祁连牛心山变质杂岩和琼中高级变质杂岩所产出的锆英石 XRD 衍射曲线分别如图 4-7 和图 4-8 所示，通过 XRD 衍射曲线可以看出：锆英石样品虽然分别经历了（776±

10)Ma 和(1483±13)Ma 的地质演变,但衍射图谱中主物相均以 $ZrSiO_4$ 物相为主。通过 XRD 衍射曲线还可以看出:样品的 XRD 曲线背地均较低,峰线比较尖锐,且峰线宽度较窄,这表明样品具有较高的结晶度。

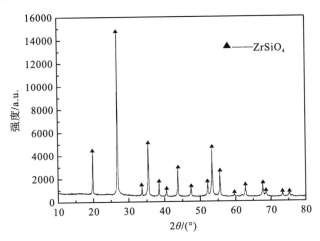

图 4-7　北祁连牛心山变质杂岩产出锆英石[(776±10)Ma]XRD 衍射曲线[12]

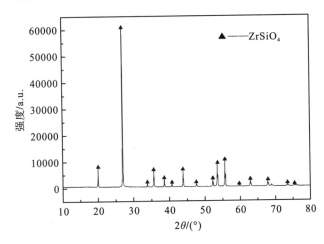

图 4-8　琼中高级变质杂岩产出锆英石[(1483±13)Ma]XRD 衍射曲线

2. 锆英石的微观形貌

利用 Chekcell 软件对北祁连牛心山变质杂岩和琼中高级变质杂岩中产出锆英石的晶胞参数进行计算,其计算结果如表 4-1 所示。通过计算结果可以看出:与标准卡片 PDF06-0266 中锆英石的晶胞参数相比较,北祁连牛心山变质杂岩所产出的锆英石晶胞参数变化为:$\Delta a = \Delta b = 0.00177nm$、$\Delta c = 0.00101nm$、$\Delta \alpha = \Delta \beta = \Delta \gamma = 0°$;琼中高级变质杂岩所产出的锆英石晶胞参数变化为:$\Delta a = \Delta b = 0.00020nm$、$\Delta c = 0.00058nm$、$\Delta \alpha = \Delta \beta = \Delta \gamma = 0°$。

表 4-1　变质岩中产出锆英石晶胞参数计算结果

样品	晶胞参数					
	a/nm	b/nm	c/nm	α/(°)	β/(°)	γ/(°)
PDF06-0266	0.66040	0.66040	0.59790	90	90	90
锆英石[北祁连牛心山变质杂岩，(776±10)Ma]	0.66217	0.66217	0.59891	90	90	90
锆英石[琼中高级变质杂岩，(1483±13)Ma]	0.66060	0.66060	0.59848	90	90	90

　　图 4-9、图 4-10 为锆英石的激光 Raman 光谱，表 4-2 为锆英石的激光 Raman 光谱在 1000cm^{-1} 位置附近散射峰 H/W 计算结果。通过 H/W 的计算结果可以看出：研究样品在激光 Raman 光谱中 1000cm^{-1} 位置附近散射峰的 H/W 值分别为 5936.3341、13847.2386。

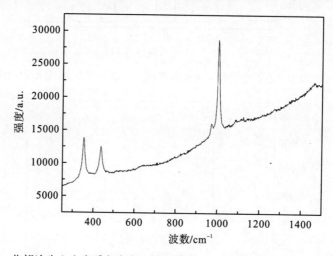

图 4-9　北祁连牛心山变质杂岩产出锆英石[(776±10)Ma]激光 Raman 光谱[12]

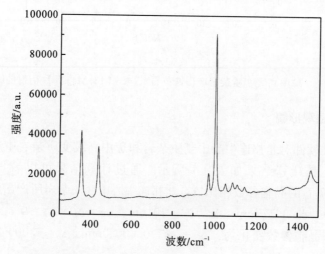

图 4-10　琼中高级变质杂岩产出锆英石[(1483±13)Ma]激光 Raman 光谱

表 4-2 变质岩中产出锆英石激光 Raman 光谱在 1000cm⁻¹位置附近散射峰 H/W 计算结果

样品	峰位/cm⁻¹	峰强(H)	半高宽(W)/cm⁻¹	H/W
锆英石[北祁连牛心山变质杂岩，(776±10)Ma]	1002.7	79986.7	13.47409	5936.3341
锆英石[琼中高级变质杂岩，(1483±13)Ma]	1005.91	108605	7.84308	13847.2386

图 4-11、图 4-12 为锆英石的 IR 光谱，表 4-3 为锆英石 IR 光谱在 610cm⁻¹位置附近吸收峰半高宽计算结果，通过半高宽的计算结果可知：研究样品 IR 光谱在 610cm⁻¹位置附近吸收峰半高宽 W 值分别为 10.64308、11.79727。

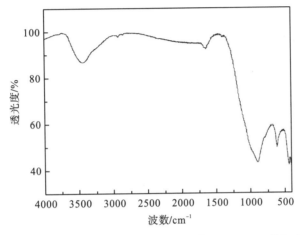

图 4-11 北祁连牛心山变质杂岩产出锆英石[(776±10)Ma]IR 光谱[12]

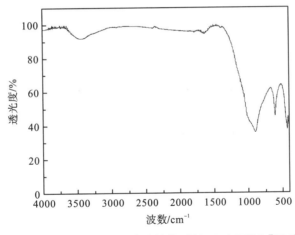

图 4-12 琼中高级变质杂岩产出锆英石[(1483±13)Ma]IR 光谱

表 4-3 变质岩产出锆英石 IR 光谱在 610cm⁻¹位置附近吸收峰半高宽计算结果

样品	峰位/cm⁻¹	半高宽(W)/cm⁻¹
锆英石[北祁连牛心山变质杂岩，(776±10)Ma]	612.7	10.64308
锆英石[琼中高级变质杂岩，(1483±13)Ma]	612.4	11.79727

3. 锆英石的微观形貌

1）北祁连牛心山变质杂岩产出锆英石

该岩石所产出的锆英石颗粒多数为自形晶体，以柱状为主，长宽比约为 1∶2，颜色由浅黄色—无色，多数晶面光滑。通过阴极发光及背散电子对锆英石颗粒进行镜下观察，结果如图 4-13、图 4-14 所示。通过观察可以看出其晶体颗粒的外形遭到了严重破坏。

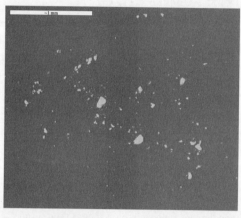

图 4-13　北祁连牛心山变质杂岩产出锆英石[(776±10)Ma]多晶粒 CL 照片

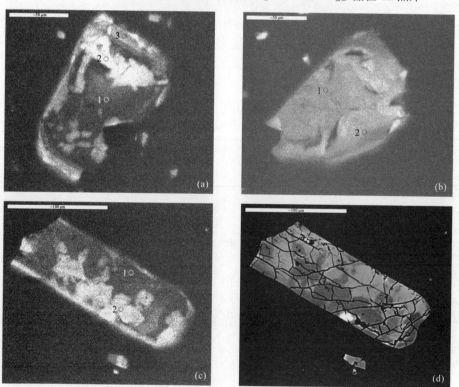

图 4-14　北祁连牛心山变质杂岩产出锆英石[(776±10)Ma]单晶粒 CL 和 BSE 照片
图(a)为 1 号晶粒，图(b)为 2 号晶粒，图(c)和图(d)为 3 号晶粒，图中数字为电子探针打点位置

2)琼中高级变质杂岩产出锆英石

通过阴极发光及背散射电子在对锆英石颗粒进行镜下观察，所得结果如图 4-15、图 4-16 所示。观察发现锆英石颜色由褐色—浅红色，呈短柱状，长宽比约为 1∶2，很多晶形由于发生变质作用而被破坏，两端可见熔蚀现象，晶面与晶面交界处棱线外形也变得不完整，以上信息均表明所观察的锆英石颗粒系岩浆成因但后期受到严重的变质作用。

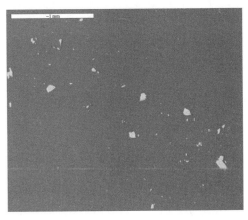

图 4-15　琼中高级变质杂岩产出锆英石[(1483±13)Ma]多晶粒 CL 照片

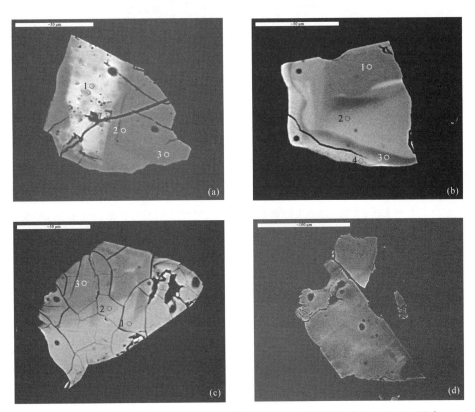

图 4-16　琼中高级变质杂岩产出锆英石[(1483±13)Ma]多晶粒 CL 和 BSE 照片

图(a)为 1 号晶粒，图(b)为 2 号晶粒，图(c)为 3 号晶粒，图(d)为 4 号颗粒，图中数字为电子探针打点位置

3）琼中高级变质杂岩产出锆英石

琼中高级变质杂岩所产出锆英石颗粒的阴极发光及背散射电子测试结果见图4-17、图4-18。研究中所挑选出的锆英石颗粒粒度细小，近等轴状，阴极发光和背散射电子观察发现均无明显的内部结构，显然遭受过较强的变质作用。

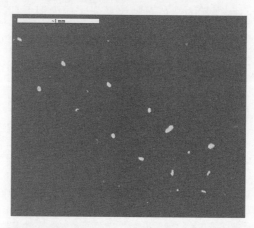

图4-17　辽宁清原地区角闪变粒岩产出锆英石[(2515±6)Ma]多晶粒CL照片

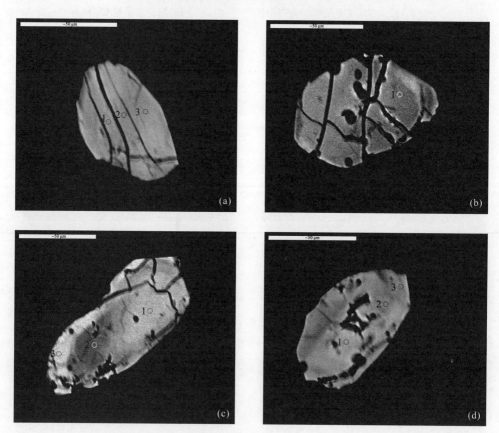

图4-18　辽宁清原地区角闪变粒岩产出锆英石[(2515±6)Ma]多晶粒CL和BSE照片

图(a)为1号晶粒，图(b)为2号晶粒，图(c)为3号晶粒，图(d)为4号颗粒，图中数字为电子探针打点位置

4. 锆英石的化学组成

对北祁连牛心山变质杂岩、琼中高级变质杂岩和辽宁清原地区角闪变粒岩中所产出的锆英石进行随机选取，利用电子探针对所选取的锆英石颗粒进行元素分析，其具体分析位置如图 4-13～图 4-18 中锆英石颗粒阴极发光和背散射电子照片中带有数字标号的位置，测试结果详见表 4-4～表 4-6 所示。

(1)北祁连牛心山变质杂岩所产出的锆英石[(776±10)Ma]：其中 ZrO_2、SiO_2、HfO_2、Y_2O_3、UO_2、ThO_2 和 PbO_2 的平均质量百分含量分别为 64.7957%、32.3314%、1.1971%、0.0241%、0.0773%、0.0407% 和 0.0023%，UO_2 和 ThO_2 的平均质量包容量为 0.118%。

(2)琼中高级变质杂岩所产出锆英石[(1483±13)Ma]：其中 ZrO_2、SiO_2、HfO_2、Y_2O_3、UO_2、ThO_2 和 PbO_2 的平均质量百分含量分别为 64.8510%、32.3560%、1.3900%、0.0122%、0.2868%、0.0206% 和 0.0074%，UO_2 和 ThO_2 的平均质量包容量为 0.3074%。

(3)辽宁清原地区角闪变粒岩所产出的锆英石[(2515±6)Ma]：其中 ZrO_2、SiO_2、HfO_2、Y_2O_3、UO_2、ThO_2 和 PbO_2 的平均质量百分含量分别为 64.8700%、32.4600%、1.4400%、0.0000%、0.1264%、0.0121% 和 0.0146%，UO_2 和 ThO_2 的平均质量包容量为 0.1385%。

通过上述电子探针测试结果可以看出，本研究所使用的变质岩中产出锆英石经过 (776±10)～(2515±6)Ma 的地质演变后，对 UO_2 和 ThO_2 的包容量仍可介于 0.118%～0.3074%。

表 4-4　北祁连牛心山变质杂岩产出锆英石[(776±10)Ma]化学成分

分析位置 (样品号-位置)	ZrO_2 /%	SiO_2 /%	HfO_2 /%	Y_2O_3 /%	UO_2 /%	ThO_2 /%	PbO_2 /%	总量 /%
1-1	64.9000	32.7500	1.0700	0.0940	0.1240	0.1030	0.0050	99.0460
1-2	65.1200	32.3900	1.1600	0.0000	0.0790	0.0210	0.0029	98.7749
1-3	64.3700	32.8600	1.2100	0.0000	0.0670	0.0200	0.0018	98.5308
2-1	64.7800	32.0100	1.3900	0.0000	0.0410	0.0150	0.0014	98.2424
2-2	64.1900	31.2300	1.2300	0.0000	0.0620	0.0130	0.0000	96.7250
3-1	64.2900	32.1400	1.1400	0.0000	0.0640	0.0030	0.0021	97.6441
3-2	65.9200	32.9400	1.1800	0.0750	0.1040	0.1100	0.0031	100.3331
平均值	64.7957	32.3314	1.1971	0.0241	0.0773	0.0407	0.0023	98.4686

表 4-5　琼中高级变质杂岩产出锆英石[(1483±13)Ma]化学成分

分析位置 (样品号-位置)	ZrO_2 /%	SiO_2 /%	HfO_2 /%	Y_2O_3 /%	UO_2 /%	ThO_2 /%	PbO_2 /%	总量 /%
1-1	64.8300	32.2000	0.5600	0.1220	1.5410	0.0790	0.0161	99.3421
1-2	65.0200	32.1700	1.1500	0.0000	0.0280	0.0030	0.0062	98.3722

分析位置 （样品号－位置）	ZrO₂ /%	SiO₂ /%	HfO₂ /%	Y₂O₃ /%	UO₂ /%	ThO₂ /%	PbO₂ /%	总量 /%
1-3	64.6000	32.5900	1.0100	0.0000	0.0520	0.0120	0.0028	98.2638
2-1	64.2400	31.8800	1.2700	0.0000	0.1130	0.0050	0.0083	97.5113
2-2	65.2900	31.8100	1.4400	0.0000	0.1890	0.0090	0.0064	98.7424
2-3	65.5700	32.6900	1.4900	0.0000	0.3360	0.0150	0.0106	100.1176
2-4	64.1700	32.3800	1.8200	0.0000	0.2860	0.0050	0.0096	98.6706
3-1	65.4200	32.3400	1.6800	0.0000	0.1900	0.0580	0.0053	99.6963
3-2	64.6500	32.7900	1.7700	0.0000	0.0920	0.0200	0.0049	99.3279
3-3	64.7200	32.7100	1.7100	0.0000	0.0410	0.0000	0.0039	99.1839
平均值	64.8510	32.3560	1.3900	0.0122	0.2868	0.0206	0.0074	98.9240

表 4-6　辽宁清原地区角闪变粒岩产出锆英石[（2515±6）Ma]化学成分

分析位置 （样品号－位置）	ZrO₂ /%	SiO₂ /%	HfO₂ /%	Y₂O₃ /%	UO₂ /%	ThO₂ /%	PbO₂ /%	总量 /%
1-1	65.1300	32.2500	1.3300	0.0000	0.0620	0.0150	0.0087	98.7977
1-2	65.1200	32.7400	1.2600	0.0000	0.0780	0.0030	0.0098	99.2088
1-3	64.1500	32.3700	1.4100	0.0000	0.0910	0.0100	0.0111	98.0391
2-1	64.4300	32.7500	1.5400	0.0000	0.0660	0.0000	0.0111	98.7921
3-1	65.2500	32.5200	1.4900	0.0000	0.1280	0.0090	0.0145	99.4105
3-2	64.8500	31.8700	1.4500	0.0000	0.1970	0.0060	0.0166	98.3906
3-3	65.0100	32.8200	1.4400	0.0000	0.1300	0.0100	0.0172	99.4232
4-1	64.5500	32.7000	1.5100	0.0000	0.1640	0.0100	0.0189	98.9569
4-2	64.2600	32.3500	1.4700	0.0000	0.1410	0.0450	0.0164	98.2834
4-3	65.9800	32.1900	1.4900	0.0000	0.2070	0.0130	0.0215	99.9025
平均值	64.8700	32.4600	1.4400	0.0000	0.1264	0.0121	0.0146	98.9205

4.4　γ射线辐照效应

　　由于辽宁清原地区角闪变粒岩中锆英石副矿物的丰度值相对较低，故开展 γ 射线对变质成因锆英石辐照实验中所使用的样品为随机选取的北祁连牛心山变质杂岩和琼中高级变质杂岩所产出的锆英石（各 1~5g）。加速辐照实验中射线辐照剂量的选取方法与岩浆岩中产出锆英石的 γ 射线加速辐照实验中剂量的选取方法相同，详见前文 3.4 节。

4.4.1　辐照后样品的物相变化

　　北祁连牛心山变质杂岩和琼中高级变质杂岩所产出的锆英石在经设定辐照剂量为

576kGy 的 γ 射线辐照过程中，利用重铬酸银化学剂量测试系统对样品实际接受的辐照剂量进行分析，得出其实际总辐照剂量为 576kGy。

经 γ 射线加速辐照后所获得锆英石的 XRD 衍射曲线分别如图 4-19 和图 4-20 所示。通过 XRD 测试结果可以看出：样品虽然经经受了 576kGy 的 γ 射线辐照，但均未发现有相的分解及其他新相的产生，主物相依然以 $ZrSiO_4$ 物相为主，样品的衍射曲线背地均较低，峰形比较尖锐，且峰线宽度较窄，可以推断加速辐照后的样品仍然具有较高的结晶度。在 XRD 衍射曲线中还可以看出：与辐照前锆英石的 XRD 衍射曲线相比（图 4-7、图 4-8），γ 射线加速辐照后样品的衍射峰强度总体表现出微弱的下降趋势，这表明加速辐照后研究样品的结构无序化程度增强[12]。

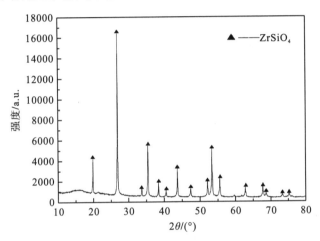

图 4-19　γ 射线(576.8kGy)辐照后北祁连牛心山变质杂岩产出锆英石[(776±10)Ma]XRD 衍射曲线[12]

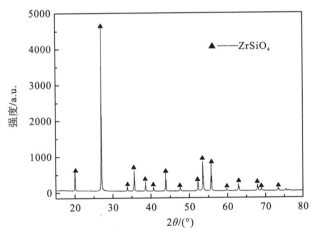

图 4-20　γ 射线(576.8kGy)辐照后琼中高级变质杂岩产出锆英石[(1483±13)Ma]XRD 衍射曲线

4.4.2　辐照后样品的微观结构变化

利用 Chekcell 软件对辐照后锆英石样品的晶胞参数进行计算，其计算结果如表 4-7 所示，通过计算结果可以看出：与标准卡片 PDF06-0266 中锆英石的晶胞参数相比，γ 射线加速辐照后北祁连牛心山变质杂岩所产出锆英石的晶胞参数变化为：$\Delta a = \Delta b =$ 0.00128nm、$\Delta c = 0.00053$nm、$\Delta \alpha = \Delta \beta = \Delta \gamma = 0°$，较辐照前变化为：$\Delta a' = \Delta b' = -0.00049$nm、$\Delta c' = -0.00048$nm、$\Delta \alpha' = \Delta' = \Delta \gamma' = 0°$；$\gamma$ 射线加速辐照后琼中高级变质杂岩所产出锆英石的晶胞参数较标准卡片 PDF06-0266 中锆英石的晶胞参数变化为：$\Delta a = \Delta b = 0.00002$nm、$\Delta c = 0.00039$nm、$\Delta \alpha = \Delta \beta = \Delta \gamma = 0°$，较辐照前变化为：$\Delta a' = \Delta b' = -0.00018$nm、$\Delta c' = -0.00019$nm、$\Delta \alpha' = \Delta \beta' = \Delta \gamma' = 0°$。由此可以得出，$\gamma$ 射线加速辐照前后两种变质岩中所产出锆英石的晶胞参数发生了 10^{-4} nm 量级的微弱变化。

表 4-7　γ 射线(576.8kGy)辐照后变质岩中产出锆英石晶胞参数计算结果

样品	晶胞参数					
	a/ nm	b/nm	c/nm	α/(°)	β/(°)	γ/(°)
PDF06-0266	0.66040	0.66040	0.59790	90	90	90
锆英石(北祁连牛心山变质杂岩，776±10Ma)	0.66168	0.66168	0.59843	90	90	90
锆英石(琼中高级变质杂岩，1483±13Ma)	0.66042	0.66042	0.59829	90	90	90

图 4-21 和图 4-22 分别为 γ 射线加速辐照后北祁连牛心山变质杂岩和琼中高级变质杂岩所产出锆英石的激光 Raman 光谱。表 3-14 为 γ 射线(576.8kGy)加速辐照后锆英石激光 Raman 光谱在 1000cm^{-1} 位置附近散射峰 H/W 计算结果。通过表 4-8 的计算结果可以看出：加速辐照后研究样品激光 Raman 光谱中 1000cm^{-1} 位置附近散射峰的 H/W 值分别为 2665.8682 和 10680.8078，这主要是由于锆英石经 γ 射线加速辐照后其结构的无序化程度增强，所以导致射线加速辐照后研究样品的 H/W 值较辐照前(表 4-2)表现出降低的趋势，这与前文 XRD 分析所得出的结果相一致。

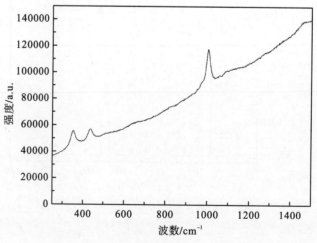

图 4-21　γ 射线(576.8kGy)辐照后北祁连牛心山变质杂岩产出锆英石
[(776±10)Ma]激光 Raman 光谱[12]

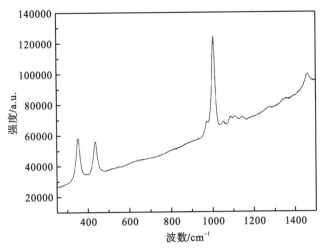

图 4-22　γ 射线(576.8kGy)辐照后琼中高级变质杂岩产出锆英石
[(1483±13)Ma]激光 Raman 光谱

表 4-8　γ 射线(576.8kGy)辐照后变质岩中产出锆英石激光 Raman 光谱在 1000cm^{-1}
位置附近散射峰 H/W 计算结果

样品	峰位/cm^{-1}	峰强(H)	半高宽(W)/cm^{-1}	H/W
锆英石[北祁连牛心山变质杂岩，(776±10)Ma]	1002.68	28758	10.78748	2665.8682
锆英石[琼中高级变质杂岩，(1483±13)Ma]	1005.89	91316.1	8.54955	10680.8078

图 4-23 和图 4-24 分别为 γ 射线加速辐射后锆英石的 IR 光谱，表 4-9 为 γ 射线
(576.8kGy)加速辐照后锆英石 IR 光谱在 610cm^{-1} 位置附近吸收峰半高宽的计算结果，
通过测试和计算结果可以看出：研究样品 IR 光谱中 610cm^{-1} 附近吸收峰的半高宽较辐照
前要宽一些，这也是由于锆英石经 γ 射线加速辐照后导致其结构无序化程度增强所致，
这与前文中 XRD 和 Raman 分析所得出的结论一致。

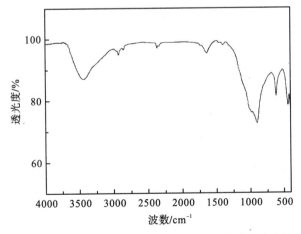

图 4-23　γ 射线(576.8kGy)辐照后北祁连牛心山变质杂岩产出锆英石
[(776±10)Ma]IR 光谱[12]

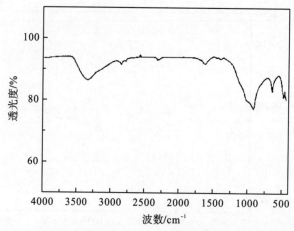

图 4-24　γ 射线(576.8kGy)辐照后琼中高级变质杂岩产出锆英石
[(1483±13)Ma]IR 光谱

表 4-9　γ 射线(576.8kGy)辐照后变质岩产出锆英石 IR 光谱在 610cm⁻¹ 位置附近吸收峰半高宽计算结果

样品	峰位/cm⁻¹	半高宽(W)/cm⁻¹
锆英石[北祁连牛心山变质杂岩，(776±10)Ma]	611.9	12.74123
锆英石[琼中高级变质杂岩，(1483±13)Ma]	612.9	12.58408

通过上述分析研究表明：本研究中所使用的变质成因锆英石经(776±10)～(2515±6) Ma 地质演变后，对 UO_2 和 ThO_2 的质量包容量仍可介于 0.118%～0.3074%，并均具有较高的结晶度，其晶胞参数变化程度主要集中在 10^{-4}～10^{-3} nm 量级。在对变质成因锆英石的 γ 射线加速辐照(576kGy)研究中表明，样品的晶胞参数较辐照前仅发生了 10^{-4} 量级的微弱变化，研究剂量范围内 γ 射线对变质成因锆英石结构的影响非常有限。

参 考 文 献

[1] 许志琴, 徐惠芬, 张建新, 等. 北祁连走廊南山加里东俯冲杂岩增生地体及其动力学[J]. 地质学报, 1994(1)：1-15.

[2] 冯益民. 北祁连造山带西段的外来移置体[J]. 地质论评, 1998, 44(4)：365-371.

[3] 左国朝, 刘义科, 张崇. 北祁连造山带中-西段陆壳残块群的构造-地层特征[J]. 地质科学, 2002, 37(3)：302-312.

[4] 曾建元, 杨宏仪, 万渝生, 等. 北祁连山变质杂岩中新元古代(~775Ma)岩浆活动纪录的发现：来自 SHRIMP 锆石 U-Pb 定年的证据[J]. 科学通报, 2006, 51(5)：575-581.

[5] 张业明, 张仁杰, 姚华舟, 等. 海南岛前寒武纪地壳构造演化[J]. 地球科学, 1997(4)：395-400.

[6] 梁新权. 海南岛前寒武纪花岗岩-绿岩系 Sm-Nd 同位素年龄及其地质意义[J]. 岩石学报, 1995, 11(1)：71-76.

[7] 张仁杰, 马国干, 蒋大海, 等. 海南岛前寒武纪地质[M]. 武汉：中国地质大学出版社, 1990.

[8] 谢窦克, 马荣生, 张禹慎, 等. 华南大陆地壳生长过程与地幔柱构造[M]. 北京：地质出版社, 1996.

[9] 张仁杰, 蒋大海. Chuaria-Tawuia 生物群在海南岛石碌群的发现及意义[J]. 中国科学：化学, 1989(3)：304-311.

[10] 张业明, 张仁杰, 胡宁, 等. 琼中高级变质杂岩中单颗粒锆石 Pb-Pb 年龄及其地质意义[J]. 地球学报, 1999, 20(3)：284-8.

[11] 万渝生，宋彪，杨淳，等. 辽宁抚顺—清原地区太古宙岩石 SHRIMP 锆石 U-Pb 年代学及其地质意义[J]. 地质学报，2005，79(1)：78-87.

[12] 郝鹏豪，卢喜瑞，崔春龙，等. 北祁连牛心山锆英石的特征及抗 γ 射线辐照能力研究[J]. 矿物岩石，2014，34(4)：1-7.

第 5 章　人造锆英石的制备及 γ 射线辐照效应

本章研究以 ZrO_2 和 SiO_2 粉体为原料，利用高温固相反应法开展了人造锆英石的制备，利用 X 射线衍射、激光拉曼光谱、红外光谱及扫描电子显微镜等测试手段对人造锆英石的特性进行了分析和表征。同时，利用 ^{60}Co 源 γ 射线辐照装置对人造锆英石开展了射线加速辐照实验，初步讨论了其 γ 射线辐照效应。

5.1　人造锆英石的制备

5.1.1　人造锆英石的配方设计

本部分的研究中根据锆英石的化学组成，设计 ZrO_2 和 SiO_2 的摩尔比为 1∶1，相应地计算出实验中所需 ZrO_2 和 SiO_2 粉体的添加量。原料添加量详见表 5-1 所示，所使用的主要原料及试剂详见表 5-2。

表 5-1　人造锆英石原料配方

目标样品	原料添加量/g	
	ZrO_2	SiO_2
$ZrSiO_4$	67.2221	32.7779

表 5-2　制备人造锆英石使用主要原料及试剂

原料及试剂	纯度	生产厂家
二氧化锆(ZrO_2)	A.R.($\geqslant 99.0\%$)	成都市科龙化工试剂厂
二氧化硅(SiO_2)	A.R.($\geqslant 99.0\%$)	天津市科密欧化学试剂有限公司
无水乙醇(CH_3CH_2OH)	A.R.($\geqslant 99.7\%$)	成都市联合化工试剂研究所

5.1.2　人造锆英石的高温固相烧结

利用电子天平按照设计好的配方称取一定量的原料分别加入装有 70mL 酒精的 500mL 尼龙球磨罐中，按质量比为 1∶2.5 的料球比分别加入一定量直径为 4mm 的 ZrO_2

研磨球，在球磨机上以 240r/min 的转速将原料球磨 24h，用滤纸将球磨后的样品过滤，然后在 80℃的烘箱中充分烘干，再将干燥过的原料放入玛瑙研钵内研磨，过 300 目标准筛(筛孔尺寸为 0.05mm)收集备用。

　　将细化后的混合原料分别加入容积为 80mL 的刚玉坩埚中(其样品加入量不超过坩埚容积的 2/3)，然后将装好样品的坩埚放入箱式电阻炉中进行烧结，烧结条件为：室温至100℃，电阻炉实行程序自行升温，其升温时间为 15min 左右，然后通过设定程序使其205min 后达到 1500℃，然后将其保温 4.5h，自然冷却至 300℃左右将样品取出，工艺曲线如图 5-1 所示。制备锆英石所使用的主要仪器及设备见表 5-3[1-4]。

表 5-3　制备锆英石使用主要仪器及设备

仪器及设备	生产厂家
AL204 型电子天平	瑞士 Mettler toledo 公司
QM-1SP 型球磨机	南京大学仪器厂
DHG-907A 型电热恒温干燥箱	上海齐欣科学仪器公司
SX-12-16 型箱式电阻炉	上海中奕电炉有限公司

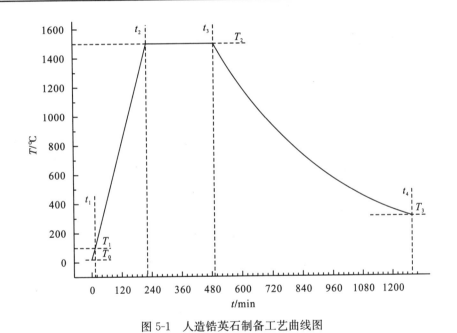

图 5-1　人造锆英石制备工艺曲线图

5.2　人造锆英石的特性及固核机理

5.2.1　人造锆英石的物相

ZrO_2 原料、SiO_2 原料及人造锆英石的 XRD 衍射曲线如图 5-2 所示。通过锆英石的

XRD 衍射曲线可以看出：以 ZrO_2 和 SiO_2 混合粉体为原料，在 1500℃温度条件下对球磨 15h 后所获得的粉体原料保温 4.5h 进行锆英石的高温固相合成是完全可行的，所制备样品的主物相以 $ZrSiO_4$ 物相为主，基本没有 ZrO_2 和 SiO_2 残留物相衍射峰的出现，这表明所制备的样品中 $ZrSiO_4$ 的含量很高。在委托成都化工试剂研究所对锆英石样品随机抽样所做的理化分析表明，利用该工艺所制备样品中 $ZrSiO_4$ 质量百分含量为 98.67％以上。在样品的 XRD 衍射曲线中还可以看出：$ZrSiO_4$ 的衍射曲线峰形尖锐，峰线宽度比较狭窄，这表明所制备的样品具有较高的结晶度。

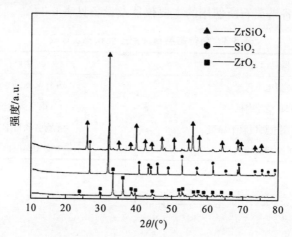

图 5-2　人造锆英石 XRD 衍射曲线（自下而上分别为 ZrO_2 原料、
SiO_2 原料及人造锆英石）

5.2.2　人造锆英石的微观结构

利用 Chekcell 软件结合 XRD 测试结果对人造锆英石的晶胞参数进行计算，其计算结果如表 5-4 所示。通过计算结果可以看出：与标准卡片 PDF06-0266 中锆英石的晶胞参数相比较，人造锆英石的晶胞参数变化为：$\Delta a = \Delta b = 0.00009$nm、$\Delta c = 0.00011$nm、$\Delta \alpha = \Delta \beta = \Delta \gamma = 0°$，晶胞参数变化量级为 $10^{-5} \sim 10^{-4}$nm。

表 5-4　人造锆英石晶胞参数计算结果

样品	a/nm	b/nm	c/nm	α/(°)	β/(°)	γ/(°)
PDF06-0266	0.66040	0.66040	0.59790	90	90	90
人造锆英石	0.66049	0.66049	0.59801	90	90	90

图 5-3 为人造锆英石激光 Raman 光谱，表 5-5 为人造锆英石激光 Raman 光谱在 1000cm^{-1} 位置附近散射峰 H/W 计算结果。通过测试及计算结果可以看出：人造锆英石 Raman 光谱中 1000cm^{-1} 位置附近散射峰的 H/W 值为 38926.53。

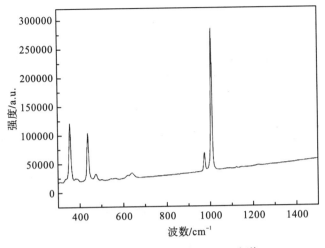

图 5-3　人造锆英石激光 Raman 光谱

表 5-5　人造锆英石激光 Raman 光谱在 1000cm^{-1} 位置附近散射峰 H/W 计算结果

样品	峰位/cm^{-1}	峰强(H)	半高宽(W)/cm^{-1}	H/W
人造锆英石	1011.88	495994	12.74180	38926.53

图 5-4 为人造锆英石的 IR 光谱，表 5-6 为人造锆英石 IR 光谱在 610cm^{-1} 位置附近吸收峰半高宽的计算结果。通过测试及计算结果可以看出：人造锆英石 IR 光谱中 610cm^{-1} 位置附近吸收峰的半高宽 W 为 12.14085cm^{-1}。

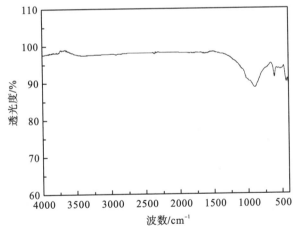

图 5-4　人造锆英石 IR 光谱

表 5-6　人造锆英石 IR 光谱在 610cm^{-1} 位置附近吸收峰半高宽计算结果

样品	峰位/cm^{-1}	半高宽(W)/cm^{-1}
人造锆英石	613.2	12.14085

5.2.3　人造锆英石的微观形貌

人造锆英石的 SEM 照片如图 5-5 所示，通过测试结果可以看出：所制备的锆英石粒径主要集中在 0.2~1.5 μm，以块状为主。

图 5-5　人造锆英石 SEM 照片

5.3　人造锆英石的 γ 射线辐照效应

5.3.1　人造锆英石的物相变化

人造锆英石的 γ 射线辐照实验详见前文 3.4 节。在对样品实施 γ 射线辐照的过程中，利用重铬酸银化学剂量测试系统对样品所接受的辐照剂量进行测试，得出人造锆英石实际所受辐照剂量为 576.8kGy。

经 γ 射线辐照后人造锆英石的 XRD 衍射曲线如图 5-6 所示。通过样品的 XRD 衍射曲线可以看出：虽然人造锆英石经过较大剂量的 γ 射线辐照，但在 XRD 衍射曲线中并未发现原有物相的分解及其他新物相的产生，主物相仍以 $ZrSiO_4$ 物相为主。对比人造锆英石 γ 射线辐照前的 XRD 衍射曲线(图 5-2)可以得出：锆英石经射线辐照后其主物相虽仍以 $ZrSiO_4$ 物相为主，但其 XRD 衍射峰的强度总体表现出下降的趋势，这表明人造锆英石在经受 572.1kGy 的 γ 射线辐照后，其晶体结构遭到一定影响，结构无序化程度增强。通过 XRD 衍射曲线还可以看出：XRD 衍射曲线背地整体较低，峰线比较尖锐，且峰线宽度较窄，可以推断射线辐照后的样品依然具有较高的结晶度。

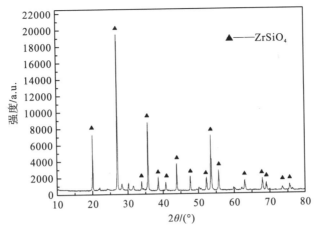

图 5-6　γ 射线(576.8kGy)辐照人造锆英石 XRD 衍射曲线

5.3.2　人造锆英石的微观结构变化

利用 Chekcell 软件结合 XRD 测试结果对 γ 射线辐照后人造锆英石的晶胞参数进行计算，其计算结果如表 5-7 所示。通过计算结果可以看出：与标准卡片 PDF06-0266 中锆英石的晶胞参数相比较，辐照后人造锆英石的晶胞参数变化为：$\Delta a = \Delta b = 0.00021\text{nm}$、$\Delta c = 0.00016\text{nm}$、$\Delta \alpha = \Delta \beta = \Delta \gamma = 0°$，与 γ 射线辐照前人造锆英石的晶体参数(表 5-4)相比较，$\Delta a' = \Delta b' = 0.00012\text{nm}$、$\Delta c' = 0.00005\text{nm}$、$\Delta \alpha' = \Delta \beta' = \Delta \gamma' = 0°$，辐照前后样品晶胞参数变化为 $10^{-5} \sim 10^{-4}\text{nm}$ 量级。

表 5-7　γ 射线(576.8kGy)辐照后人造锆英石晶胞参数计算结果

样品	晶胞参数					
	a/nm	b/nm	c/nm	$\alpha/(°)$	$\beta/(°)$	$\gamma/(°)$
PDF06-0266	0.66040	0.66040	0.59790	90	90	90
人造锆英石	0.66061	0.66061	0.59806	90	90	90

图 5-7 为 γ 射线辐射后人造锆英石的激光 Raman 光谱，表 5-8 为 γ 射线(576.8kGy)辐照后人造锆英石激光 Raman 光谱在 1000cm^{-1} 位置附近散射峰 H/W 计算结果。通过测试及计算结果可以看出：辐照后人造锆英石的 Raman 光谱 1000cm^{-1} 位置附近散射峰的 H/W 值为 33219.77，与辐照前人造锆英石的 H/W 值(38926.53)相比有所降低。这主要是由于随着锆英石无序化程度的增强，其 Raman 散射峰会出现谱峰宽化和强度减弱的现象，从而 H/W 值会随之逐渐降低。这一现象表明人造锆英石在经受 γ 射线辐照后其结构无序化程度增强，这与前文中 XRD 测试分析所得出的结论相一致。

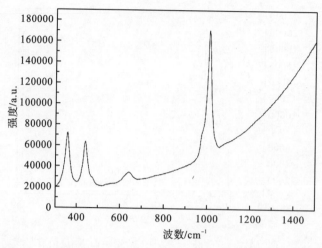

图 5-7　γ射线(576.8kGy)辐照后人造锆英石激光 Raman 光谱

表 5-8　γ射线(576.8kGy)辐照后人造锆英石激光 Raman 光谱在 1000cm^{-1}位置附近散射峰 H/W 计算结果

样品	峰位/cm^{-1}	峰强(H)	半高宽(W)/cm^{-1}	H/W
人造锆英石	1007.32	575866	17.33504	33219.77

图 5-8 为 γ 射线辐射后人造锆英石的 IR 光谱,表 5-9 为 γ 射线(576.8kGy)辐照后人造锆英石 IR 光谱在 610cm^{-1}位置附近吸收峰半高宽计算结果。通过表 5-9 可以看出,γ射线辐照后人造锆英石 IR 光谱中 610cm^{-1}位置附近吸收峰的半高宽 W 为 12.28397cm^{-1}。可以发现,与未辐照样品相比(表 5-6),辐照后样品的 IR 吸收光谱出现了峰形宽化的现象,这表明人造锆英石经 γ 射线辐照后晶体结构被射线所破坏,无序化程度增强,这与前文中 XRD 与 Raman 对人造锆英石结构无序化程度的测试分析结果相吻合。

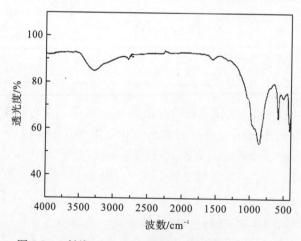

图 5-8　γ射线(576.8kGy)辐照后人造锆英石 IR 光谱

表 5-9　γ射线(576.8kGy)辐照后人造锆英石 IR 光谱在 610cm^{-1}位置附近吸收峰半高宽计算结果

样品	峰位/cm^{-1}	半高宽(W)/cm^{-1}
人造锆英石	613.9	12.28397

5.3.3 人造锆英石的微观形貌变化

γ 射线辐照后人造锆英石的 SEM 照片如图 5-9 所示，通过测试结果看出：人造锆英石在经受 572.1kGy 的 γ 射线加速辐照后，样品表面没有出现明显可观察遭受破坏的迹象。

图 5-9　γ 射线(576.8kGy)辐照后人造锆英石 SEM 照片

参 考 文 献

[1] 郝鹏豪，毛雪丽，杨尧，等. 烧结时间对锆英石物相、结构及微观形貌的影响[J]. 武汉理工大学学报，2014，36(6)：18-21.

[2] 卢喜瑞，崔春龙，张东，等. 高温固相法制备锆英石工艺研究[J]. 中国粉体技术，2010，16(6)：18-21.

[3] 康厚军，王晓丽，卢喜瑞，等. 锆英石微粉高温固相合成研究[J]. 成都理工大学学报(自然科学版)，2010，37(3)：332-335.

[4] 崔春龙，康厚军，卢喜瑞，等. 原料粒度对高温固相法制备锆英石粉体的影响[J]. 西南科技大学学报，2009，24(4)：40-43.

第6章 锆英石基三价锕系模拟核素固化体特性及固核机理

根据价态相同、离子半径相近及核外电子轨道相似的模拟核素选取原则，由于 Eu^{3+} ($r=0.96Å$)与 Pu^{3+} ($r=1.00Å$)、Th^{3+} ($r=0.90Å$)和 U^{3+} ($r=1.06Å$)等锕系核素的离子半径较为相近，并且核外电子轨道具有一定的近似性(均为内过渡元素，都拥有 f 壳层电子)，故 Eu^{3+} 成为具有代表性的 An^{3+} (An，actinide)模拟替代物之一[1,2]。鉴于此，本章研究选取 Eu^{3+} 作为 An^{3+} 的模拟替代物，以 ZrO_2 和 SiO_2 粉体作为基材原料，在对固化体配方进行合理设计的基础上，利用高温固相法制备出锆英石基三价锕系模拟核素系列固化体样品。同时，借助粉末 X 射线衍射、激光拉曼光谱，红外光谱及扫描电子显微镜等多种测试表征手段对所得固化体的物相组成、微观结构与形貌等进行观察与分析。此外，在模拟环境下对固化体的抗浸出行为进行了初步研究，并利用 γ 射线加速辐照技术对固化体的 γ 射线辐照效应进行了探讨。

6.1 三价模拟核素固化体的设计与制备

6.1.1 固化体的配方设计

考虑到 Eu_2O_3 的掺杂量会对锆英石基三价模拟核素固化体的固溶度等产生影响，本部分的研究中将 $ZrSiO_4$ 与 Eu_2O_3 的摩尔配比初步设计为 1∶0.025、1∶0.05、1∶0.075 和 1∶0.1，则相应的固化体原料中 ZrO_2、SiO_2 与 Eu_2O_3 摩尔配比为：M_{ZrO_2}∶M_{SiO_2}∶$M_{Eu_2O_3}$ = 1∶1∶0.025、M_{ZrO_2}∶M_{SiO_2}∶$M_{Eu_2O_3}$ = 1∶1∶0.05、M_{ZrO_2}∶M_{SiO_2}∶$M_{Eu_2O_3}$ = 1∶1∶0.075、M_{ZrO_2}∶M_{SiO_2}∶$M_{Eu_2O_3}$ = 1∶1∶0.1。根据固化体的配方设计，分别计算出实验中所需各种原料的添加量，本部分研究中各目标固化体样品的原料添加量详见表 6-1，所使用的主要原料及试剂详见表 6-2。

表 6-1 锆英石基三价锕系模拟核素固化体原料配方

目标固化体	原料添加量/g		
	ZrO_2	SiO_2	Eu_2O_3
$ZrSiEu_{0.025}SiO_{4.0375}$	30.8057	15.0211	2.1996

续表

目标固化体	原料添加量/g		
	ZrO$_2$	SiO$_2$	Eu$_2$O$_3$
ZrSiEu$_{0.05}$SiO$_{4.075}$	30.8057	15.0211	4.3991
ZrSiEu$_{0.075}$SiO$_{4.112}$	24.6446	12.0169	5.2789
ZrSiEu$_{0.10}$SiO$_{4.15}$	24.6446	12.0169	7.0386

表 6-2　锆英石基三价铕系模拟核素固化体制备使用主要原料及试剂

原料及试剂	纯度	生产厂家
二氧化锆(ZrO$_2$)	A. R. (≥99.0%)	成都市科龙化工试剂厂
二氧化硅(SiO$_2$)	A. R. (≥99.0%)	天津市科密欧化学试剂有限公司
三氧化二铕(Eu$_2$O$_3$)	A. R. (≥99.995%)	成都市恒瑞新材料有限公司
无水乙醇(CH$_3$CH$_2$OH)	A. R. (≥99.7%)	成都市联合化工试剂研究所

6.1.2　固化体的高温固相烧结

锆英石基三价铕系模拟核素固化体的预处理流程与人造锆英石流程相同，详见前文 5.1.2 节。固化体的烧结条件为：室温至 100℃，电阻炉实行程序自行升温，其升温时间为 15min 左右，然后通过设计程序使其 240min 后达到 1500℃，然后将其保温 22h，自然冷却至 200℃ 左右将样品取出，其制备工艺曲线如图 6-1 所示。

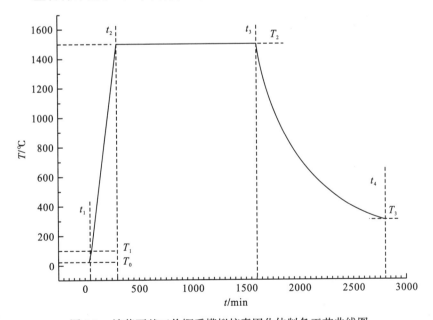

图 6-1　锆英石基三价铕系模拟核素固化体制备工艺曲线图

6.2　三价锕系模拟核素固化体特性及固核机理

6.2.1　固化体的物相

$ZrSiEu_xSiO_{4+3/2x}$（$0.025 \leqslant x \leqslant 0.10$）系列固化体的 XRD 衍射曲线如图 6-2 所示。通过衍射曲线可以看出：系列固化体的物相均以 $ZrSiO_4$ 物相为主，这表明以 ZrO_2、SiO_2 和 Eu_2O_3 粉体为原料，利用 Eu^{3+} 作为三价锕系模拟核素替代物，在 1500℃ 条件下保温 22h 进行模拟核素固化体的制备是完全可行的。

通过图 6-2 还可以看出，随着原料中 Eu_2O_3 添加量的增加，固化体衍射曲线的强度总体上表现出逐渐下降的趋势，衍射峰的宽度也随之略微宽化。究其原因主要是由于 Eu^{3+} 在高温状态下可以取代部分 Zr^{4+} 和少量 Si^{4+} 在锆英石晶体中正常的格点位置而发生不等价类质同象作用。在衍射曲线中 $ZrSiO_4$ 物相衍射峰的强度逐渐降低并出现宽化，这表明随着原料中 Eu_2O_3 添加量的增加，所制备出固化体的结构无序化程度增强。由于实验原料中 ZrO_2 和 SiO_2 是按照 1:1 的摩尔比加入的，当加入 Eu_2O_3 进行高温烧结时，大量 Eu^{3+} 取代 Zr^{4+} 和少量 Si^{4+} 的位置发生类质同象作用，会导致大量 Zr^{4+} 和少量 Si^{4+} 脱离原来所占据的晶格位置游离出来。然而，在图 6-2 的 XRD 衍射曲线中没有发现有 ZrO_2、SiO_2 和 Eu_2O_3 物相衍射峰，而在 $2\theta = 27.9° \sim 29.9°$ 位置出现了 3 条随着 Eu_2O_3 添加量增加而逐渐增强的衍射峰。这可能是由于固化体中的 Zr^{4+}、Si^{4+}、Eu^{3+} 和 O^{2-} 除了以 $Zr_{1-x}Si_{1-y}Eu_{x+y}O_{(8-x-y)/2}$（$x+y \leqslant 0.2$）的形式存在外，被替代出的 Zr^{4+}、Si^{4+}、Eu^{3+} 和 O^{2-} 之间可能形成了新的化合物。研究者查阅大量的标准 PDF 卡片后发现 $2\theta = 27.9° \sim 29.9°$ 位置的衍射曲线均不是目前标准 PDF 卡片库中已知有关 Zr^{4+}、Si^{4+}、Eu^{3+} 和 O^{2-} 之间所形成化合物对应的衍射曲线，可推测该反应可能有新的物相出现，这有待于进一步深入研究。

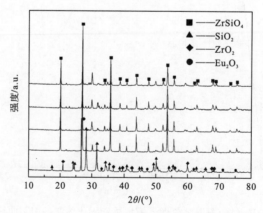

图 6-2　$ZrSiEu_xSiO_{4+3/2x}$（$0.025 \leqslant x \leqslant 0.10$）系列固化体 XRD 衍射曲线

自下而上依次为 $ZrO_2/SiO_2/0.025Eu_2O_3$ 混合原料、$ZrSiEu_{0.025}SiO_{4.0375}$、$ZrSiEu_{0.05}SiO_{4.075}$、

$ZrSiEu_{0.075}SiO_{4.112}$ 及 $ZrSiEu_{0.10}SiO_{4.15}$ 样品

6.2.2　固化体的微观结构

为研究模拟核素掺杂量对锆英石基三价模拟核素固化体微观结构的影响，本部分的研究根据标准卡片 PDF06-0266，利用 Chekcell 软件对 $ZrSiEu_x SiO_{4+3/2x}$ ($0.025 \leqslant x \leqslant 0.10$) 系列固化体的晶胞参数进行了计算，其计算结果如表 6-3 所示。通过表中计算结果可以看出：与标准卡片 PDF06-0266 中锆英石的晶胞参数相比，$ZrSiEu_x SiO_{4+3/2x}$ ($0.025 \leqslant x \leqslant 0.10$) 系列固化体的晶胞参数均发生了不同程度的变化。其中，$ZrSiEu_{0.025} SiO_{4.0375}$ 固化体的晶胞参数变化值为：$\Delta a = \Delta b = 0.00008nm$、$\Delta c = 0.00020nm$、$\Delta \alpha = \Delta \beta = \Delta \gamma = 0°$；$ZrSiEu_{0.05} SiO_{4.075}$ 固化体的晶胞参数变化值为：$\Delta a = \Delta b = 0.00007nm$、$\Delta c = 0.00017nm$、$\Delta \alpha = \Delta \beta = \Delta \gamma = 0°$；$ZrSiEu_{0.075} SiO_{4.112}$ 固化体的晶胞参数变化值为：$\Delta a = \Delta b = 0.00006nm$、$\Delta c = 0.00035nm$、$\Delta \alpha = \Delta \beta = \Delta \gamma = 0°$；$ZrSiEu_{0.10} SiO_{4.15}$ 固化体的晶胞参数变化值为：$\Delta a = \Delta b = 0.00009nm$、$\Delta c = 0.00017nm$、$\Delta \alpha = \Delta \beta = \Delta \gamma = 0°$。固化体晶胞参数发生变化主要是由于在固化体中加入了大量 Eu^{3+}，导致大量 Zr^{4+} 和少量 Si^{4+} 被替代，从而致使晶体的晶胞参数发生变化[3]。

表 6-3　$ZrSiEu_x SiO_{4+3/2x}$ ($0.025 \leqslant x \leqslant 0.10$) 系列固化体晶胞参数计算结果

固化体样品	晶胞参数					
	a/nm	b/nm	c/nm	α/(°)	β/(°)	γ/(°)
PDF06-0266	0.66040	0.66040	0.59790	90	90	90
$ZrSiEu_{0.025} SiO_{4.0375}$	0.66048	0.66048	0.59810	90	90	90
$ZrSiEu_{0.05} SiO_{4.075}$	0.66047	0.66047	0.59807	90	90	90
$ZrSiEu_{0.075} SiO_{4.112}$	0.66046	0.66046	0.59825	90	90	90
$ZrSiEu_{0.10} SiO_{4.15}$	0.66031	0.66031	0.59807	90	90	90

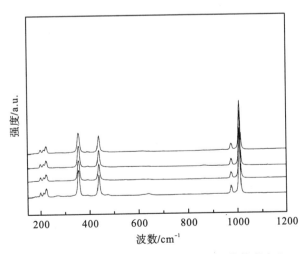

图 6-3　$ZrSiEu_x SiO_{4+3/2x}$ ($0.025 \leqslant x \leqslant 0.10$) 系列固化体激光 Raman 光谱

自下而上依次为 $ZrSiEu_{0.025} SiO_{4.0375}$、$ZrSiEu_{0.05} SiO_{4.075}$、$ZrSiEu_{0.075} SiO_{4.112}$ 及 $ZrSiEu_{0.10} SiO_{4.15}$ 样品

图 6-3 为 $ZrSiEu_xSiO_{4+3/2x}$($0.025{\leqslant}x{\leqslant}0.10$)系列固化体的激光 Raman 光谱，表 6-4 为 $ZrSiEu_xSiO_{4+3/2x}$($0.025{\leqslant}x{\leqslant}0.10$)系列固化体激光 Raman 光谱在 $1000cm^{-1}$ 位置附近散射峰 H/W 的计算结果。通过表中计算可以看出：$ZrSiEu_xSiO_{4+3/2x}$($0.025{\leqslant}x{\leqslant}0.10$)系列固化体在激光 Raman 光谱中 $1000cm^{-1}$ 位置附近散射峰的 H/W 值分别为 55719.13、54275.51、51156.77 和 32566.71，呈现出逐渐降低的趋势。由于随着锆英石结构无序化程度的增加，$1000cm^{-1}$ 位置附近的拉曼散射峰强度会随之减弱，半高宽相应增加，从而使得 H/W 值降低。

表 6-4　$ZrSiEu_xSiO_{4+3/2x}$($0.025{\leqslant}x{\leqslant}0.10$)系列固化体激光 Raman 光谱在 $1000cm^{-1}$
位置附近散射峰 H/W 计算结果

固化体样品	峰位/cm^{-1}	峰强(H)	半高宽(W)/cm^{-1}	H/W
$ZrSiEu_{0.025}SiO_{4.0375}$	1008.68	406690	7.29893	55719.13
$ZrSiEu_{0.05}SiO_{4.075}$	1007.51	397192	7.31807	54275.51
$ZrSiEu_{0.075}SiO_{4.112}$	1007.51	388904	7.60220	51156.77
$ZrSiEu_{0.10}SiO_{4.15}$	1008.68	251442	7.72083	32566.71

图 6-4 为 $ZrSiEu_xSiO_{4+3/2x}$($0.025{\leqslant}x{\leqslant}0.10$)系列固化体 IR 光谱，表 6-5 为 $ZrSiEu_xSiO_{4+3/2x}$($0.025{\leqslant}x{\leqslant}0.10$)系列固化体 IR 光谱在 $610cm^{-1}$ 位置附近吸收峰半高宽的计算结果。通过表 6-5 的计算结果可以看出：$ZrSiEu_xSiO_{4+3/2x}$($0.025{\leqslant}x{\leqslant}0.10$)系列固化体的 IR 光谱中 $610cm^{-1}$ 位置附近吸收峰的半高宽 W 分别为 $11.67476cm^{-1}$、$12.16253cm^{-1}$、$12.22843cm^{-1}$ 和 $12.63238cm^{-1}$。随着 Eu_2O_3 在锆英石中添加量的增加，IR 光谱中 $610cm^{-1}$ 附近吸收峰总体上表现出逐渐宽化的趋势，这也表明 Eu_2O_3 在锆英石中添加量的增加会导致锆英石结构无序化程度的增强。

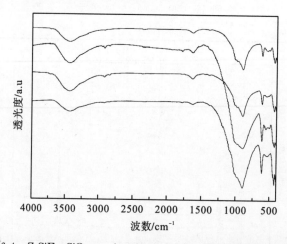

图 6-4　$ZrSiEu_xSiO_{4+3/2x}$($0.025{\leqslant}x{\leqslant}0.10$)系列固化体 IR 光谱

自下而上依次为 $ZrSiEu_{0.025}SiO_{4.0375}$、$ZrSiEu_{0.05}SiO_{4.075}$、$ZrSiEu_{0.075}SiO_{4.112}$ 及 $ZrSiEu_{0.10}SiO_{4.15}$ 样品

表 6-5　ZrSiEu$_x$SiO$_{4+3/2x}$（0.025≤x≤0.10）系列固化体 IR 光谱在 610cm^{-1}位置附近吸收峰半高宽计算结果

固化体样品	峰位/cm^{-1}	半高宽(W)/cm^{-1}
ZrSiEu$_{0.025}$SiO$_{4.0375}$	613.7	11.67476
ZrSiEu$_{0.05}$SiO$_{4.075}$	614.5	12.16253
ZrSiEu$_{0.075}$SiO$_{4.112}$	613.7	12.22843
ZrSiEu$_{0.10}$SiO$_{4.15}$	614.1	12.63238

6.2.3　固化体的微观形貌

ZrSiEu$_x$SiO$_{4+3/2x}$（0.025≤x≤0.10）系列固化体的 SEM 照片如图 6-5~图 6-8 所示。通过 SEM 结果可以看出：固化体的粒度主要集中在 2~3μm，其形貌以块状为主，但随着 Eu$_2$O$_3$ 添加量的增加，有大量针状晶体出现，且随着 Eu$_2$O$_3$ 添加量的增多，针状晶体的含量逐渐增加，长度也表现出增加的趋势。这种现象主要是由于 Eu^{3+} 取代 ZrSiO$_4$ 晶体中的 Zr^{4+} 使晶体(001)方向的表面能降低，进而在晶体生长过程中(100)方向晶面被保留下来，随着 Eu$_2$O$_3$ 添加量的增加，表面能变化加大，所以在固化体的 SEM 照片中有针状形貌的晶体出现。

图 6-5　ZrSiEu$_{0.025}$SiO$_{4.0375}$固化体 SEM 照片

图 6-6　ZrSiEu$_{0.05}$SiO$_{4.075}$固化体 SEM 照片

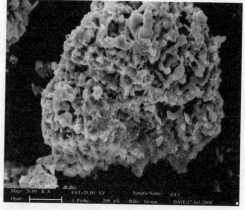

图 6-7　$ZrSiEu_{0.075}SiO_{4.1125}$ 固化体 SEM 照片

图 6-8　$ZrSiEu_{0.10}SiO_{4.15}$ 固化体 SEM 照片

6.3　三价锕系模拟核素固化体的抗浸出行为

6.3.1　固化体的抗浸出实验

高放废物固化体在长期的深地质处置过程中可能会受到各种各样的物理、化学及生物的破坏作用，尤其是有可能受到来自地下水的侵蚀而导致固化体中的放射性核素通过溶解、扩散等途径进入生物圈，进而对人类和自然界造成严重危害。因此，高放废物固化体的抗浸出性能成为评价其安全稳定性的重要指标之一。目前，抗浸出性能一般通过在实验室开展抗浸出实验来进行研究，其主要机理为模拟地下水环境考察固化体的浸出性能，并以此来评价固化体的长期化学稳定性。

为获取锆英石基三价锕系模拟核素固化体的抗浸出数据，本部分的研究选取 Eu^{3+} 添加量最大的 $ZrSiEu_{0.10}SiO_{4.15}$ 固化体样品开展抗浸出实验研究，具体实验流程如下：

烧结并加工出若干直径为 (12.00 ± 0.02) mm、高度为 (3.48 ± 0.02) mm 的圆柱形

$ZrSiEu_{0.10}SiO_{4.15}$ 固化体样品备用（图 6-9）。由于高放废物固化体在地质处置库中的深度通常为 1000m 左右，因此研究根据地温梯度值选取 70℃作为研究温度，且地层中以弱酸性环境居多，选取 pH＝6.5 的弱酸性环境开展浸出实验研究。以 HCl 为溶质，蒸馏水为溶剂，利用 pH 计配制一定量 pH 为 6.5 的浸出液。将 $ZrSiEu_{0.10}SiO_{4.15}$ 固化体样品分别放入加有 50mL 浸出液的高压消解罐，然后放入电热恒温干燥箱中，设定温度为 70℃。在保温 7d、14d、21d、28d 和 35d 后依次取出高压消解罐，借助等离子体质谱仪对浸出液中的 Eu^{3+} 含量(μg/L)进行测试（测试环境湿度为 72％，温度为 23℃）。本部分实验中所使用的主要仪器及设备详见表 6-6。

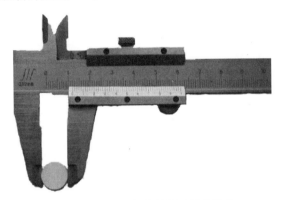

图 6-9　抗浸出实验所使用样品照片

表 6-6　锆英石基三价铕系模拟核素固化体抗浸出实验使用主要仪器及设备

仪器及设备	生产厂家
AL204 型电子天平	瑞士 Mettler toledo 公司
PHS-3C 型 pH 计	上海仪电科学仪器股份有限公司
SFG-01B 型电热恒温干燥箱	黄石市恒丰医疗器械有限公司
高压消解罐	自制
VG PQ ExCell 型等离子体质谱仪	英国 VG 公司

6.3.2　固化体的抗浸出行为

$ZrSiEu_{0.10}SiO_{4.15}$ 固化体中 Eu^{3+} 的抗浸出实验测试结果如图 6-10 所示，通过实验结果可以看出：三价模拟核素固化体中 Eu^{3+} 的浸出量在 7d、14d、21d、28d 和 35d 分别为 0.18μg/L、0.24μg/L、0.30μg/L、0.38μg/L 和 0.39μg/L，在 28d 以前呈现出逐渐上升的趋势，28d 以后 Eu^{3+} 的浸出量变化减缓。可以推测，本研究中的 $ZrSiEu_{0.10}SiO_{4.15}$ 固化体在 pH＝6.5 的弱酸性液态环境下平衡浓度应该在 0.40μg/L 以下[4]。

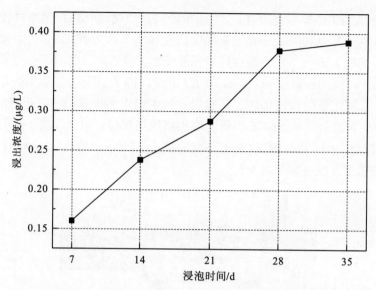

图 6-10　ZrSiEu$_{0.10}$SiO$_{4.15}$固化体中 Eu^{3+} 的浸出浓度-浸泡时间关系曲线

6.4　固化体的 γ 射线辐照效应

6.4.1　固化体的物相变化

ZrSiEu$_x$SiO$_{4+3/2x}$(0.025≤x≤0.10)系列固化体的 γ 射线辐照实验详见前文 3.4 节。在对系列固化体样品实施 γ 射线辐照的过程中，利用重铬酸银化学剂量测试系统对样品所接受的辐照剂量进行测试，得出各固化体样品实际所受的辐照剂量为 576.8kGy。

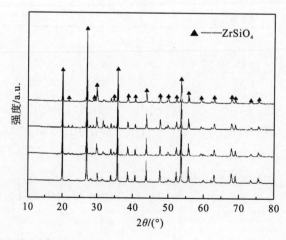

图 6-11　γ 射线(576.8kGy)辐照 ZrSiEu$_x$SiO$_{4+3/2x}$(0.025≤x≤0.10)系列固化体 XRD 衍射曲线

自下而上依次为 ZrSiEu$_{0.025}$SiO$_{4.0375}$、ZrSiEu$_{0.05}$SiO$_{4.075}$、ZrSiEu$_{0.075}$SiO$_{4.112}$ 及 ZrSiEu$_{0.10}$SiO$_{4.15}$样品

γ 射线辐照后 $ZrSiEu_xSiO_{4+3/2x}$（$0.025 \leqslant x \leqslant 0.10$）系列固化体的 XRD 衍射曲线如图 6-11 所示。通过衍射曲线可以看出：$ZrSiEu_xSiO_{4+3/2x}$（$0.025 \leqslant x \leqslant 0.10$）系列固化体的物相仍以 $ZrSiO_4$ 物相为主，且随着 Eu_2O_3 添加量的增加，射线辐照后固化体衍射曲线的强度总体略有下降，衍射峰略有宽化。与 γ 射线辐照前样品的 XRD 衍射曲线（图 6-2）比较可以看出：辐照后样品衍射曲线的强度较辐照前整体下降，峰线宽度变大，这表明固化体经射线辐照后其晶体结构的无序化程度较辐照前有所增强。通过辐照后固化体的衍射曲线还可以看出：固化体衍射曲线背底整体上都相对较低，峰形比较尖锐且峰线宽度较窄，因而可以推断射线辐照后的样品仍具有较高的结晶度。

6.4.2　固化体的微观结构变化

利用 Chekcell 软件对 γ 射线辐照后 $ZrSiEu_xSiO_{4+3/2x}$（$0.025 \leqslant x \leqslant 0.10$）系列固化体的晶胞参数进行计算，其计算结果如表 6-7 所示。从表中可以看出，经 γ 射线辐照后系列固化体的晶胞参数均发生了不同程度的变化。结合 γ 射线辐照前固化体的晶胞参数计算结果（表 6-3）可以得出：$ZrSiEu_{0.025}SiO_{4.0375}$ 固化体晶胞参数较辐照前的变化为：$\Delta a' = \Delta b' = -0.00004nm$、$\Delta c' = -0.00005nm$、$\Delta\alpha' = \Delta\beta' = \Delta\gamma' = 0°$；$ZrSiEu_{0.05}SiO_{4.075}$ 固化体晶胞参数与辐照前相比变化为：$\Delta a' = \Delta b' = -0.00002nm$、$\Delta c' = -0.00005nm$、$\Delta\alpha' = \Delta\beta' = \Delta\gamma' = 0°$；$ZrSiEu_{0.075}SiO_{4.112}$ 固化体晶胞参数与辐照前相比变化为：$\Delta a' = \Delta b' = -0.00028nm$、$\Delta c' = -0.00033nm$、$\Delta\alpha' = \Delta\beta' = \Delta\gamma' = 0°$；$ZrSiEu_{0.10}SiO_{4.15}$ 固化体晶胞参数与辐照前相比变化为：$\Delta a' = \Delta b' = -0.00026nm$、$\Delta c' = -0.00032nm$、$\Delta\alpha' = \Delta\beta' = \Delta\gamma' = 0°$。可以看出，固化体样品在经过 579.1kGy 的 γ 射线辐照之后晶胞参数并未出现明显变化，其变化范围为 $10^{-5} \sim 10^{-4}$ nm 量级[5]。

表 6-7　γ 射线（576.8kGy）辐照后 $ZrSiEu_xSiO_{4+3/2x}$（$0.025 \leqslant x \leqslant 0.10$）系列固化体晶胞参数计算结果

固化体样品	晶胞参数					
	a/nm	b/nm	c/nm	α/(°)	β/(°)	γ/(°)
PDF06-0266	0.66040	0.66040	0.59790	90	90	90
$ZrSiEu_{0.025}SiO_{4.0375}$	0.66044	0.66044	0.59805	90	90	90
$ZrSiEu_{0.05}SiO_{4.075}$	0.66045	0.66045	0.59802	90	90	90
$ZrSiEu_{0.075}SiO_{4.112}$	0.66018	0.66018	0.59792	90	90	90
$ZrSiEu_{0.10}SiO_{4.15}$	0.66005	0.66005	0.59775	90	90	90

图 6-12 为 γ 射线辐照后 $ZrSiEu_xSiO_{4+3/2x}$（$0.025 \leqslant x \leqslant 0.10$）系列固化体的激光拉 Raman 光谱，表 6-8 为 γ 射线（576.8kGy）辐照后 $ZrSiEu_xSiO_{4+3/2x}$（$0.025 \leqslant x \leqslant 0.10$）系列固化体激光 Raman 光谱在 $1000cm^{-1}$ 位置附近散射峰 H/W 计算结果。通过表中数据可以看出：γ 射线辐照后固化体样品在 Raman 光谱中 $1000cm^{-1}$ 位置附近散射峰的 H/W 值分别为 46402.45、44533.77、42000.44 和 29757.02，也呈现出逐渐降低的趋势，与辐照前样品的 H/W 比较均出现不同程度的降低，表明辐照后样品的无序化程度增强，这与 XRD 分析所得出的结果相吻合[5]。

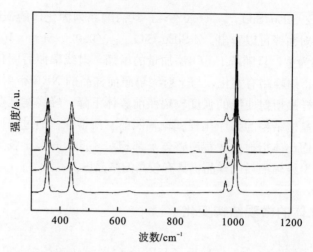

图 6-12　γ 射线(576.8kGy)辐照后 ZrSiEu$_x$SiO$_{4+3/2}$(0.025≤x≤0.10)系列固化体激光 Raman 光谱

自下而上依次为 ZrSiEu$_{0.025}$SiO$_{4.0375}$、ZrSiEu$_{0.05}$SiO$_{4.075}$ZrSiEu$_{0.075}$SiO$_{4.112}$及 ZrSiEu$_{0.10}$SiO$_{4.15}$样品

表 6-8　γ 射线(576.8kGy)辐照后 ZrSiEu$_x$SiO$_{4+3/2}$(0.025≤x≤0.10)系列固化体激光 Raman 光谱在 1000cm^{-1}
位置附近散射峰 H/W 计算结果

固化体样品	峰位/cm^{-1}	峰强(H)	半高宽(W)/cm^{-1}	H/W
ZrSiEu$_{0.025}$SiO$_{4.0375}$	1008.68	337730	7.27828	46402.45
ZrSiEu$_{0.05}$SiO$_{4.075}$	1007.51	322970	7.25225	44533.77
ZrSiEu$_{0.075}$SiO$_{4.112}$	1008.68	316291	7.53066	42000.44
ZrSiEu$_{0.10}$SiO$_{4.15}$	1007.51	227532	7.64633	29757.02

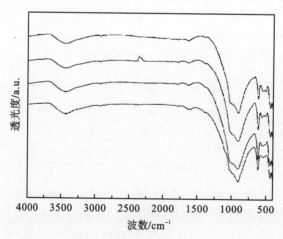

图 6-13　γ 射线(576.8kGy)辐照后 ZrSiEu$_x$SiO$_{4+3/2}$(0.025≤x≤0.10)系列固化体 IR 光谱

自下而上依次为 ZrSiEu$_{0.025}$SiO$_{4.0375}$、ZrSiEu$_{0.05}$SiO$_{4.075}$ZrSiEu$_{0.075}$SiO$_{4.112}$及 ZrSiEu$_{0.10}$SiO$_{4.15}$样品

图 6-13 为 γ 射线(576.8kGy)辐照后 $ZrSiEu_x SiO_{4+3/2x}$(0.025≤x≤0.10)系列固化体的 IR 光谱，表 6-9 为 γ 射线辐照后 $ZrSiEu_x SiO_{4+3/2x}$(0.025≤x≤0.10)系列固化体的 IR 光谱在 610cm^{-1} 位置附近吸收峰的半高宽的计算结果。从数据中可以看出：辐照后固化体样品的 IR 光谱图中 610cm^{-1} 附近吸收峰总体上表现出逐渐宽化的趋势，并且与未经 γ 射线辐照样品的 IR 吸收峰相比较出现了宽化的现象，这表明固化体经 γ 射线辐照后晶体结构被射线所影响，无序化程度增强。这与前文中 XRD 与 Raman 光谱的测试分析结果一致。

表 6-9　γ 射线(576.8kGy)辐照后 $ZrSiEu_x SiO_{4+3/2}$(0.025≤x≤0.10)系列固化体 IR 光谱在 610cm^{-1}位置附近吸收峰半高宽计算结果

辐照后的样品	吸收峰长度/cm^{-1}	半高宽(W)/cm^{-1}
$ZrSiEu_{0.025} SiO_{4.0375}$	614.3	12.33504
$ZrSiEu_{0.05} SiO_{4.075}$	613.8	12.65530
$ZrSiEu_{0.075} SiO_{4.112}$	614.1	12.87294
$ZrSiEu_{0.10} SiO_{4.15}$	614.1	12.89501

6.4.3　固化体的微观形貌变化

取少量 γ 射线辐照后 $ZrSiEu_x SiO_{4+3/2x}$(0.025≤x≤0.10)系列固化体样品，用导电胶带分别将其固定，经喷金处理后在英国 Leica 生产的 S440 扫描电子显微镜下进行观察，所得固化体 SEM 照片如图 6-14~图 6-17 所示。通过测试结果可以看出：γ 射线辐照后样品的表面未出现裂纹等结构遭受明显破坏的迹象，样品中依然有大量针状晶体存在。

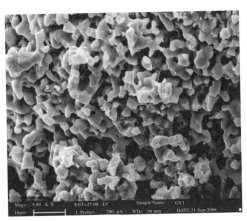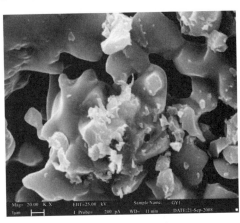

图 6-14　γ 射线(576.8kGy)辐照后 $ZrSiEu_{0.025} SiO_{4.0375}$ 固化体 SEM 照片

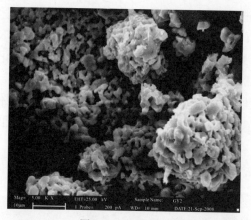

图 6-15　γ 射线(576.8kGy)辐照后 $ZrSiEu_{0.05}SiO_{4.075}$ 固化体 SEM 照片

图 6-16　γ 射线(576.8kGy)辐照后 $ZrSiEu_{0.075}SiO_{4.112}$ 固化体 SEM 照片

图 6-17　γ 射线(576.8kGy)辐照后 $ZrSiEu_{0.10}SiO_{4.15}$ 固化体 SEM 照片

参 考 文 献

[1] LOISEAU P，CAURANT D，BAFFIER N，et al. Glass-ceramic nuclear waste forms obtained from SiO_2-Al_2O_3-CaO-ZrO_2-TiO_2 glasses containing lanthanides(Ce，Nd，Eu，Gd，Yb) and actinides(Th)：study of internal crystallization[J]. Journal of Nuclear Materials，2004，335(1)：14-32.

[2] LU X R，DONG F Q，SONG G B. Phase and structure in the system $Gd_{2-x}Eu_xZr_2O_7$ ($0.0 \leqslant x \leqslant 2.0$)[J].

Journal of Wuhan University of Technology-Mater. Sci. Ed. , 2014, 29(1): 1-4.

[3] 卢喜瑞, 崔春龙, 宋功保, 等. 人工模拟锆英石对锕系元素固化性能研究[J]. 中国稀土学报, 2010, 28(5): 619-625.

[4] 毛雪丽, 康厚军, 卢喜瑞, 等. 锆英石基三价锕系模拟核素固化体的性能[J]. 西南科技大学学报, 2009, 24(4): 36-39.

[5] 陈梦君, 崔春龙, 卢喜瑞, 等. 锆英石对三价锕系核素固化能力及抗 γ 射线辐照稳定性[J]. 原子能科学技术, 2011, 45(1): 14-19.

第7章 锆英石基四价锕系模拟核素固化体特性及固核机理

由于 $Ce^{4+}(r=0.80\text{Å})$ 与 $Pu^{4+}(r=0.80\text{Å})$、$U^{4+}(r=0.97\text{Å})$ 和 $Th^{4+}(r=1.00\text{Å})$ 等核素的价态相同，并且离子半径及核外电子轨道具有一定的相近性，故 Ce^{4+} 成为目前国内外研究中比较认可且具有代表性的 An^{4+} 模拟替代物[1-8]。因此，本章的研究中选取 Ce^{4+} 作为 An^{4+} 的模拟替代物，以 ZrO_2 和 SiO_2 粉体为基材原料，在对固化体配方进行合理设计的基础上，采用高温固相法开展锆英石基四价锕系模拟核素系列固化体的制备。借助粉末 X 射线衍射、激光拉曼光谱、红外光谱、扫描电子显微镜等测试表征手段对所得固化体的物相组成、微观结构及形貌等进行测试与分析。同时，对固化体的抗浸出行为及 γ 射线辐照效应也进行了初步探讨。

7.1 四价模拟核素固化体的设计与制备

7.1.1 固化体的配方设计

考虑到 Ce^{4+} 的掺杂量会对固化体的固溶度等产生影响，研究中将 $ZrSiO_4$ 与 CeO_2 的摩尔比设计为 $1:0.05$、$1:0.10$、$1:0.15$ 和 $1:0.20$，相应固化体原料中 ZrO_2、SiO_2 与 CeO_2 摩尔比为：$M_{ZrO_2}:M_{SiO_2}:M_{CeO_2}=1:1:0.05$，$M_{ZrO_2}:M_{SiO_2}:M_{CeO_2}=1:1:0.10$、$M_{ZrO_2}:M_{SiO_2}:M_{CeO_2}=1:1:0.15$，$M_{ZrO_2}:M_{SiO_2}:M_{CeO_2}=1:1:0.20$，再根据固化体的配方设计，分别计算出实验中所需各种原料的添加量。本部分研究中各目标固化体的原料添加量详见表 7-1，所使用的主要原料及试剂详见表 7-2。

表 7-1 锆英石基四价锕系模拟核素固化体原料配方

目标固化体	原料添加量/g		
	ZrO_2	SiO_2	CeO_2
$ZrSiCe_{0.05}O_{4.10}$	30.8057	15.0211	2.1514
$ZrSiCe_{0.10}O_{4.20}$	30.8057	15.0211	4.3028
$ZrSiCe_{0.15}O_{4.30}$	24.6446	12.0169	5.1634
$ZrSiCe_{0.20}O_{4.40}$	24.6446	12.0169	6.8846

表 7-2　制备锆英石基四价锕系模拟核素固化体使用主要原料及试剂

原料及试剂	纯度	生产厂家
二氧化锆(ZrO_2)	A.R.($\geqslant 99.0\%$)	成都市科龙化工试剂厂
二氧化硅(SiO_2)	A.R.($\geqslant 99.0\%$)	天津市科密欧化学试剂有限公司
二氧化铈(CeO_2)	A.R.($\geqslant 99.0\%$)	天津市科密欧化学试剂有限公司
无水乙醇(CH_3CH_2OH)	A.R.($\geqslant 99.7\%$)	成都市联合化工试剂研究所

7.1.2　固化体的高温固相烧结

锆英石基四价锕系模拟核素固化体的预处理流程与人造锆英石的预处理流程相同，详见前文 5.1.2 节；其烧结工艺与锆英石基三价锕系模拟核素固化体相同，详见前文 6.1.2 节。

7.2　四价锕系模拟核素固化体特性及固核机理

7.2.1　固化体的物相

图 7-1 为烧结所得 $ZrSiCe_xO_{4+2x}$（$0.05 \leqslant x \leqslant 0.20$）系列固化体的 XRD 衍射曲线，通过 XRD 衍射曲线可以看出：系列固化体的物相均以 $ZrSiO_4$ 物相为主，这表明以 ZrO_2、SiO_2 和 CeO_2 粉体为原料，在 1500℃条件下保温 22h 开展 $ZrSiCe_xO_{4+2x}$（$0.05 \leqslant x \leqslant 0.20$）系列固化体的制备是完全可行的。

通过图 7-1 还可以看出，随着原料中 CeO_2 添加量的增加，固化体衍射曲线的强度整体表现出略有下降的趋势，并且衍射峰略有宽化。究其主要原因，是由于 Ce^{4+} 在高温状态下可以取代 Zr^{4+} 和少量 Si^{4+} 在原晶格中的位置而发生类质同象作用，导致烧结所得四价模拟核素固化体的主物相仍以 $ZrSiO_4$ 物相为主。随着系列固化体原材料中 CeO_2 含量的增加，进入锆英石晶格中 Ce^{4+} 的含量逐渐增多，进而引起固化体与锆英石理想结构的偏差变大，即结构无序化程度增强，从而在 XRD 衍射曲线中表现出锆英石衍射峰强度变弱和峰形宽化的现象。

由于 $ZrSiCe_xO_{4+2x}$（$0.05 \leqslant x \leqslant 0.20$）系列固化体原料中的 ZrO_2 和 SiO_2 是按照 1：1 的摩尔配比加入的，当额外引入 CeO_2 进行高温烧结时，由于大量 Ce^{4+} 取代 Zr^{4+} 和少量 Si^{4+} 的位置而发生类质同象作用，进而导致大量 Zr^{4+} 和少量 Si^{4+} 脱离原来所占据的晶格位置游离出来。但在图 7-1 的 XRD 曲线中并没有发现 ZrO_2、SiO_2 和 CeO_2 物相衍射峰线的出现，而在 $2\theta = 8.7°$ 和 $2\theta = 29.8°$ 位置附近出现了 2 条随着 CeO_2 添加量增加而逐渐变强的衍射峰。这可能是由于固化体中的 Zr^{4+}、Si^{4+}、Ce^{4+} 和 O^{2-} 除了以 $Zr_{1-x}Si_{1-y}Ce_{x+y}O_4$（$x+y \leqslant 0.2$）的形式存在外，游离出来的 Zr^{4+}、Si^{4+}、Ce^{4+} 和 O^{2-} 之间可能形成了新的化合物。

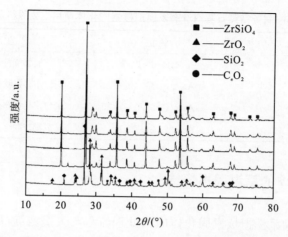

图 7-1　$ZrSiCe_xO_{4+2x}(0.05{\leqslant}x{\leqslant}0.20)$ 系列固化体 XRD 衍射曲线

自下而上依次为 $ZrO_2/SiO_2/0.05CeO_2$ 混合原料、$ZrSiCe_{0.05}O_{4.10}$、$ZrSiCe_{0.10}O_{4.20}$、$ZrSiCe_{0.15}O_{4.30}$

及 $ZrSiCe_{0.20}O_{4.40}$ 样品

7.2.2　固化体的微观结构

利用 Chekcell 软件对所得 $ZrSiCe_xO_{4+2x}(0.05{\leqslant}x{\leqslant}0.20)$ 系列固化体的晶胞参数进行计算，计算结果如表 7-3 所示。从表中可以看出，与标准卡片 PDF06-0266 中锆英石的晶胞参数相比较，烧结所得固化体样品晶胞参数均发生了不同程度的变化，$x=0.05$ 样品的晶胞参数变化值为：$\Delta a=\Delta b=0.00065nm$、$\Delta c=0.00066nm$、$\Delta\alpha=\Delta\beta=\Delta\gamma=0°$；$x=0.10$ 样品的晶胞参数变化值为：$\Delta a=\Delta b=0.00097nm$、$\Delta c=0.00058nm$、$\Delta\alpha=\Delta\beta=\Delta\gamma=0°$；$x=0.15$ 样品的晶胞参数变化值为：$\Delta a=\Delta b=0.00085nm$、$\Delta c=0.00073nm$、$\Delta\alpha=\Delta\beta=\Delta\gamma=0°$；$x=0.20$ 样品的晶胞参数变化值为：$\Delta a=\Delta b=0.00082nm$、$\Delta c=0.0008nm$、$\Delta\alpha=\Delta\beta=\Delta\gamma=0°$。导致固化体晶胞参数发生变化的主要原因是在固化体中加入了大量 Ce^{4+}，由于 Zr^{4+}、Si^{4+} 与 Ce^{4+} 之间离子半径的差异，致使晶体的晶胞参数发生变化。

结合 XRD 衍射曲线的情况可知，尽管 $ZrSiCe_xO_{4+2x}(0.05{\leqslant}x{\leqslant}0.20)$ 系列固化体的 x 取值最大达到了 0.20，且固化体的结晶度随着 CeO_2 添加量的增加呈现出下降的趋势，但结构上依然具有较高的结晶度，其晶胞参数变化程度仅为 10^{-4} nm 量级[9]。

表 7-3　$ZrSiCe_xO_{4+2x}(0.05{\leqslant}x{\leqslant}0.20)$ 系列固化体晶胞参数计算结果

固化体样品	晶胞参数					
	a/nm	b/nm	c/nm	α/(°)	β/(°)	γ/(°)
PDF06-0266	0.66040	0.66040	0.59790	90	90	90
$ZrSiCe_{0.05}O_{4.10}$	0.66105	0.66105	0.59856	90	90	90
$ZrSiCe_{0.1}O_{4.20}$	0.66137	0.66137	0.59848	90	90	90
$ZrSiCe_{0.15}O_{4.30}$	0.66125	0.66125	0.59863	90	90	90
$ZrSiCe_{0.20}O_{4.40}$	0.66122	0.66122	0.59870	90	90	90

$ZrSiCe_xO_{4+2x}(0.05 \leqslant x \leqslant 0.20)$ 系列固化体的激光 Raman 光谱如图 7-2 所示，表 7-4 为 $ZrSiCe_xO_{4+2x}(0.05 \leqslant x \leqslant 0.20)$ 系列固化体激光 Raman 光谱在 $1000cm^{-1}$ 位置附近散射峰 H/W 计算结果。通过表 7-4 可以看出，所得四价模拟核素固化体样品激光 Raman 光谱中 $1000cm^{-1}$ 位置附近散射峰的 H/W 值分别为 54094.74、38657.55、36326.74 和 35236.90，呈现出逐渐降低的趋势。这主要是由于随着锆英石结构无序化程度的增加，$1000cm^{-1}$ 位置附近的 Raman 散射峰强度会减弱，半高宽相应增加，因此，随着四价锕系模拟核素添加量的增加，锆英石固化体表现出无序化程度增大，H/W 值逐渐降低的趋势[10]。

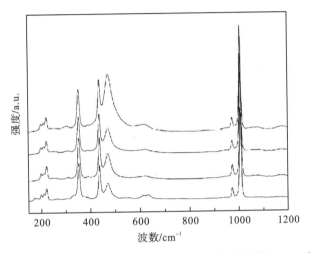

图 7-2　$ZrSiCe_xO_{4+2x}(0.05 \leqslant x \leqslant 0.20)$ 系列固化体激光 Raman 光谱

自下而上依次为 $ZrSiCe_{0.05}O_{4.10}$、$ZrSiCe_{0.10}O_{4.20}$、$ZrSiCe_{0.15}O_{4.30}$ 及 $ZrSiCe_{0.20}O_{4.40}$ 样品

表 7-4　$ZrSiCe_xO_{4+2x}(0.05 \leqslant x \leqslant 0.20)$ 系列固化体激光 Raman 光谱在 $1000cm^{-1}$ 位置附近散射峰 H/W 计算结果

固化体样品	峰位/cm^{-1}	峰强(H)	半高宽(W)/cm^{-1}	H/W
$ZrSiCe_{0.05}O_{4.10}$	1005.91	413782	7.64921	54094.74
$ZrSiCe_{0.1}O_{4.20}$	1005.47	325674	8.42459	38657.55
$ZrSiCe_{0.15}O_{4.30}$	1005.47	301488	8.29934	36326.74
$ZrSiCe_{0.20}O_{4.40}$	1005.47	276277	7.84056	35236.90

图 7-3 为 $ZrSiCe_xO_{4+2x}(0.05 \leqslant x \leqslant 0.20)$ 系列固化体 IR 光谱，表 7-5 为 $ZrSiCe_xO_{4+2x}(0.05 \leqslant x \leqslant 0.20)$ 系列固化体 IR 光谱在 $610cm^{-1}$ 位置附近吸收峰半高宽 W 的计算结果。通过表 7-5 的计算结果可以看出，烧结所得四价模拟核素固化体样品 IR 光谱中 $610cm^{-1}$ 位置附近吸收峰的半高宽 W 值分别为 $12.94372cm^{-1}$、$12.96480cm^{-1}$、$13.017163cm^{-1}$ 和 $13.03121cm^{-1}$，这也是由于锆英石中 CeO_2 添加剂量的增加所致。在 IR 光谱中，$610cm^{-1}$ 附近吸收峰总体上呈现出逐渐宽化的趋势，这表明 CeO_2 在锆英石中含量的增加会导致固化体结构无序化程度的增加[10]，这与之前 XRD 及 Raman 分析的结果一致。

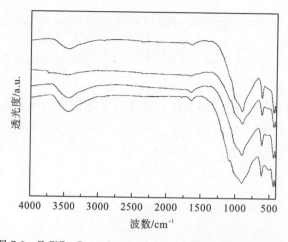

图 7-3　$ZrSiCe_xO_{4+2x}(0.05 \leqslant x \leqslant 0.20)$ 系列固化体 IR 光谱

自下而上依次为 $ZrSiCe_{0.05}O_{4.10}$、$ZrSiCe_{0.10}O_{4.20}$、$ZrSiCe_{0.15}O_{4.30}$ 及 $ZrSiCe_{0.20}O_{4.40}$ 样品

表 7-5　$ZrSiCe_xO_{4+2x}(0.05 \leqslant x \leqslant 0.20)$ 系列固化体 IR 光谱在 $610cm^{-1}$ 位置附近吸收峰半高宽计算结果

固化体样品	峰位/cm^{-1}	半高宽(W)/cm^{-1}
$ZrSiCe_{0.05}O_{4.10}$	611.1	12.94372
$ZrSiCe_{0.1}O_{4.20}$	610.4	12.96480
$ZrSiCe_{0.15}O_{4.30}$	610.6	13.01716
$ZrSiCe_{0.20}O_{4.40}$	612.0	13.03121

7.2.3　固化体的微观形貌

$ZrSiCe_xO_{4+2x}(0.05 \leqslant x \leqslant 0.20)$ 系列固化体的 SEM 照片分别如图 7-4 至图 7-7 所示。通过固化体的 SEM 照片可以看出：固化体的粒度主要集中在 $5\mu m$ 左右，形貌以块状为主。

图 7-4　$ZrSiCe_{0.05}O_{4.10}$ 固化体 SEM 照片

图 7-5　$ZrSiCe_{0.1}O_{4.20}$ 固化体 SEM 照片

图 7-6　$ZrSiCe_{0.15}O_{4.30}$ 固化体 SEM 照片

图 7-7　$ZrSiCe_{0.20}O_{4.40}$ 固化体 SEM 照片

7.3　四价锕系模拟核素固化体的抗浸出行为

7.3.1　固化体的抗浸出实验

本部分的研究选取 Ce^{4+} 添加量最大的固化体样品($ZrSiCe_{0.20}O_{4.40}$)开展抗浸出行为的初步研究,具体实验流程详见前文 6.3.1 节。

7.3.2　固化体的抗浸出行为

$ZrSiCe_{0.20}O_{4.40}$ 固化体中 Ce^{4+} 的浸出浓度–浸泡时间关系曲线如图 7-8 所示,通过图中实验结果可以看出:固化体中 Ce^{4+} 的浸出浓度在 7d、14d、21d、28d 和 35d 时分别为0.14μg/L、0.15μg/L、0.19μg/L、0.26μg/L 和 0.27μg/L,在 28d 前 Ce^{4+} 的浸出浓度表现出逐渐上升的趋势,28d 以后 Ce^{4+} 的浸出浓度基本趋于平稳,在 0.30μg/L 以下。

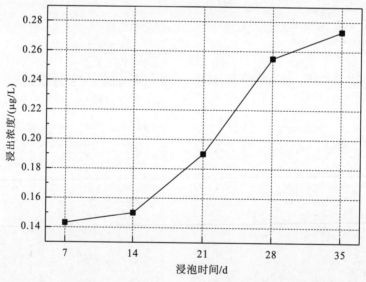

图 7-8　$ZrSiCe_{0.20}O_{4.40}$ 固化体中 Ce^{4+} 的浸出浓度–浸泡时间关系曲线

四价锕系模拟核素固化体的抗浸出行为与三价锕系模拟核素固化体的抗浸出行为较为类似。这主要是由于极性较大的 H_2O 和 HCl 分子与置于浸出液中的锆英石基 An^{3+}/An^{4+} 模拟核素固化体晶格中的模拟核素离子相互吸引而发生作用,致使一部分模拟核素离子与晶体格子构造中其他离子的键力减弱,甚至离开固化体而进入与固化体表面接近的浸出液中。固化体因失去正价的模拟核素离子而带负电荷,溶液中因模拟核素离子的进入而带正电荷。这两种相反的电荷彼此又相互吸引,以至大多数模拟核素离子聚集在固化体表面附近的浸出液中而使溶液带正电,对模拟核素离子的进一步浸出具有排斥作用,从而阻止模拟核素离子的继续溶解。并且已溶入浸出液中的模拟核素离子仍可能再沉积到固化体的表面上。当模拟核素离子的溶解速率与吸附速率一致时,便达到了一种动态平衡,使得浸出液中模拟核素离子的浓度值达到一稳定值,具体理论模型见图 7-9。可以推测 28d 左右固化体和浸出液中的模拟核素离子在此条件下便达到了溶解与吸附的动态平衡。可以得出,本研究中的 $ZrSiCe_{0.20}O_{4.40}$ 固化体在 pH=6.5 的弱酸性液态环境下的平衡浓度在 $0.30\mu g/L$ 以下[11]。

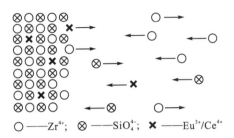

图 7-9 锆英石基固化体中模拟核素浸出模型图

7.4 固化体的 γ 射线辐照效应

7.4.1 固化体的物相变化

$ZrSiCe_xO_{4+2x}(0.05 \leqslant x \leqslant 0.20)$ 系列固化体的 γ 射线辐照实验详见前文 3.4 节。在对系列固化体样品实施 γ 射线辐照的过程中,利用重铬酸银化学剂量测试系统对样品所接受的辐照剂量进行测试,得出各样品实际所受 γ 射线辐照剂量为 576.8kGy。

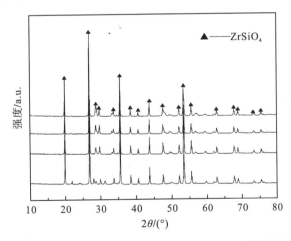

图 7-10 γ 射线(576.8kGy)辐照后 $ZrSiCe_xO_{4+2x}(0.05 \leqslant x \leqslant 0.20)$ 系列固化体 XRD 衍射曲线

自下而上依次为 $ZrSiCe_{0.05}O_{4.10}$、$ZrSiCe_{0.10}O_{4.20}$、$ZrSiCe_{0.15}O_{4.30}$ 及 $ZrSiCe_{0.20}O_{4.40}$ 样品

　　γ射线辐照后样品的XRD衍射曲线如图7-10所示，通过图中测试结果可以看出：γ射线辐射后 $ZrSiCe_xO_{4+2x}$（$0.05 \leqslant x \leqslant 0.20$）系列固化体的物相仍以 $ZrSiO_4$ 物相为主，且随着 CeO_2 添加量的增加，固化体衍射曲线的强度总体上呈略有下降的趋势，并且衍射峰略有宽化。与辐照前样品的XRD衍射曲线（图7-1）相比可以看出，辐照后样品衍射曲线的强度整体下降，峰线略微宽化。该结果表明γ射线对固化体的结构产生了一定的影响，辐照引起了固化体结构无序化程度的增强。通过辐射后样品的衍射曲线还可以看出，曲线的背地整体较低，峰线也比较尖锐，且峰线宽度较窄，可以推断射线辐照后的样品仍具有较高的结晶度[11]。

7.4.2　固化体的微观结构变化

　　γ射线辐照后样品的晶胞参数计算结果如表7-6所示，结合表7-3的计算结果可以看出，γ射线辐照后 $ZrSiCe_{0.05}O_{4.10}$ 固化体的晶胞参数变化为：$\Delta a' = \Delta b' = 0.00009nm$、$\Delta c' = 0.00012nm$、$\Delta \alpha' = \Delta \beta' = \Delta \gamma' = 0°$；γ射线辐照后 $ZrSiCe_{0.10}O_{4.20}$ 固化体的晶胞参数变化为：$\Delta a' = \Delta b' = 0.00014$、$\Delta c' = -0.00002$、$\Delta \alpha' = \Delta \beta' = \Delta \gamma' = 0°$；γ射线辐照后 $ZrSiCe_{0.15}O_{4.30}$ 固化体的晶胞参数变化为：$\Delta a' = \Delta b' = -0.00007$、$\Delta c' = 0.00005nm$、$\Delta \alpha' = \Delta \beta' = \Delta \gamma' = 0°$；γ射线辐照后 $ZrSiCe_{0.20}O_{4.40}$ 固化体的晶胞参数变化为：$\Delta a' = \Delta b' = -0.00008nm$、$\Delta c' = 0.00012nm$、$\Delta \alpha' = \Delta \beta' = \Delta \gamma' = 0°$。通过上述数据可以看出，模拟核素固化体在经受576.8 kGy的γ射线辐照后，其晶胞参数未出现太大变化，较辐照前样品的晶胞参数变化幅度为 $10^{-5} \sim 10^{-4}$ nm 量级。

表7-6　γ射线(576.8kGy)辐照后 $ZrSiCe_xO_{4+2x}$($0.05 \leqslant x \leqslant 0.20$)系列固化体晶胞参数计算结果

固化体样品	晶胞参数					
	a/nm	b/nm	c/nm	$\alpha/(°)$	$\beta/(°)$	$\gamma/(°)$
PDF06-0266	0.66040	0.66040	0.59790	90	90	90
$ZrSiCe_{0.05}O_{4.10}$	0.66114	0.66114	0.59844	90	90	90
$ZrSiCe_{0.1}O_{4.20}$	0.66123	0.66123	0.59850	90	90	90
$ZrSiCe_{0.15}O_{4.30}$	0.66132	0.66132	0.59858	90	90	90
$ZrSiCe_{0.20}O_{4.40}$	0.66130	0.66130	0.59858	90	90	90

　　图7-11为γ射线辐射后系列固化体的激光Raman光谱，表7-7为γ射线（576.8kGy）辐照后 $ZrSiCe_xO_{4+2x}$（$0.05 \leqslant x \leqslant 0.20$）系列固化体激光Raman光谱在 $1000cm^{-1}$ 位置附近散射峰 H/W 计算结果。通过表7-7可以看出辐照后样品在Raman光谱中 $1000cm^{-1}$ 位置附近散射峰的 H/W 值分别为42106.81、37579.77、32903.04和31199.92，也呈现出逐渐降低的趋势。与辐照前样品 H/W 比较均出现不同程度的降低，表明辐照后样品的无序化程度增强，这与XRD测试所得出的结果相吻合。

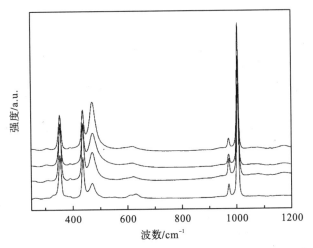

图 7-11　γ射线(576.8kGy)辐照后 ZrSiCe$_x$O$_{4+2x}$(0.05≤x≤0.20)系列固化体激光 Raman 光谱

自下而上依次为 ZrSiCe$_{0.05}$O$_{4.10}$、ZrSiCe$_{0.1}$O$_{4.20}$、ZrSiCe$_{0.15}$O$_{4.30}$ 及 ZrSiCe$_{0.20}$O$_{4.40}$ 样品

表 7-7　γ射线(576.8kGy)辐照后 ZrSiCe$_x$O$_{4+2x}$(0.05≤x≤0.20)系列固化体激光 Raman 光谱在 1000cm^{-1} 位置附近散射峰 H/W 计算结果

固化体样品	峰位/cm^{-1}	峰强(H)	半高宽(W)/cm^{-1}	H/W
ZrSiCe$_{0.05}$O$_{4.10}$	1007.07	330141	7.84056	42106.81
ZrSiCe$_{0.1}$O$_{4.20}$	1005.91	292976	7.79611	37579.77
ZrSiCe$_{0.15}$O$_{4.30}$	1004.31	259989	7.90167	32903.04
ZrSiCe$_{0.20}$O$_{4.40}$	1004.31	244861	7.84813	31199.92

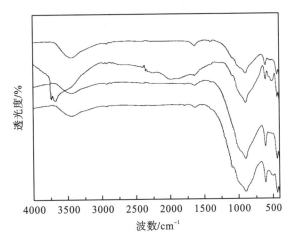

图 7-12　γ射线(576.8kGy)辐照后 ZrSiCe$_x$O$_{4+2x}$(0.05≤x≤0.20)系列固化体 IR 光谱

自下而上依次为 ZrSiCe$_{0.05}$O$_{4.10}$、ZrSiCe$_{0.1}$O$_{4.20}$、ZrSiCe$_{0.15}$O$_{4.30}$ 及 ZrSiCe$_{0.20}$O$_{4.40}$ 样品

图 7-12 为 γ射线辐照后样品的 IR 光谱,表 7-8 为 γ射线(576.8kGy)辐照后 ZrSiCe$_x$O$_{4+2x}$(0.05≤x≤0.20)系列固化体的 IR 光谱在 610cm^{-1} 位置附近吸收峰半高宽计算结果。通过测试可以看得出:固化体经受 576.8kGy 的 γ射线辐照后,红外光谱 610cm^{-1} 附近吸收峰总体上呈现出逐渐宽化的结果,并且与未经 γ射线辐照的吸收峰相比较出现了宽化的现

象，这表明所制备的锆英石样品经 γ 射线辐照后晶体结构被射线所影响，无序化程度增强，这与前文中 XRD 及 Raman 对锆英石结构无序化程度增强的测试分析结果一致。

表 7-8　**γ 射线(576.8kGy)辐照后 ZrSiCe$_x$O$_{4+2x}$(0.05≤x≤0.20)系列固化体 IR 光谱在 610cm^{-1} 位置附近吸收峰半高宽计算结果**

固化体样品	峰位/cm^{-1}	半高宽(W)/cm^{-1}
ZrSiCe$_{0.05}$O$_{4.10}$	609.8	12.91304
ZrSiCe$_{0.1}$O$_{4.20}$	610.8	13.03928
ZrSiCe$_{0.15}$O$_{4.30}$	612.0	13.07036
ZrSiCe$_{0.20}$O$_{4.40}$	608.4	14.82407

7.4.3　固化体的微观形貌变化

γ 射线辐照后 ZrSiCe$_x$O$_{4+2x}$(0.05≤x≤0.20)系列固化体的 SEM 照片分别如图 7-13 至图 7-16 所示。通过 SEM 照片可以看出，固化体的粒度依然集中在 5μm 左右，形貌仍以块状为主，辐照后样品表面没有出现裂纹等可观察的遭受明显被破坏迹象。

图 7-13　γ 射线(576.8kGy)辐照后 ZrSiCe$_{0.05}$O$_{4.10}$固化体 SEM 照片

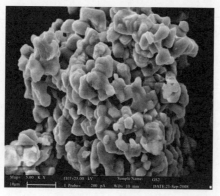 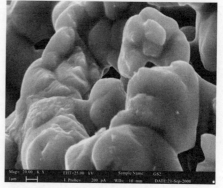

图 7-14　γ 射线(576.8kGy)辐照后 ZrSiCe$_{0.1}$O$_{4.20}$固化体 SEM 照片

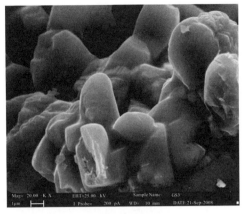

图 7-15　γ 射线(576.8kGy)辐照后 ZrSiCe$_{0.15}$O$_{4.30}$ 固化体 SEM 照片

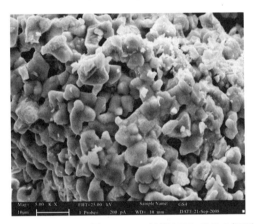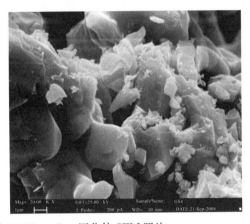

图 7-16　γ 射线(576.8kGy)辐照后 ZrSiCe$_{0.20}$O$_{4.40}$ 固化体 SEM 照片

参 考 文 献

[1] XIE Y, FAN L, SHU X Y, et al. Chemical stability of Ce-doped zircon ceramics: influence of pH, temperature and their coupling effects[J]. Journal of Rare Earths, 2017, 35(2): 164-171.

[2] MENG C, DING X, LI W, et al. Phase structure evolution and chemical durability studies of Ce-doped zirconolite-pyrochlore synroc for radioactive waste storage[J]. Journal of Materials Science, 2016, 51(11): 5207-5215.

[3] WEN G, ZHANG K, YIN D, et al. Solid-state reaction synthesis and aqueous durability of Ce-doped zirconolite-rich ceramics[J]. Journal of Nuclear Materials, 2015, 466: 113-119.

[4] LU X R, FAN L, SHU X Y, et al. Phase evolution and chemical durability of co-doped Gd$_2$Zr$_2$O$_7$ ceramics for nuclear waste forms[J]. Ceramics International, 2015, 41(5): 6344-6349.

[5] LU X R, DING Y, SHU X Y, et al. Preparation and heavy-ion irradiation effects of Gd$_2$Ce$_x$Zr$_{2-x}$O$_7$ ceramics [J]. Rsc Advances, 2015, 5(79): 64247-64253.

[6] DING Y, LU X R, TU H, et al. Phase evolution and microstructure studies on Nd^{3+} and Ce^{4+} co-doped zircon ceramics[J]. Journal of the European Ceramic Society, 2015, 35(7): 2153-2161.

[7] 卢喜瑞, 董发勤, 王晓丽, 等. 模拟核素固化体 Zr$_x$Ce$_{1-x}$SiO$_4$ 的制备和表征[J]. 原子能科学技术, 2013, 47 (8): 1290-1294.

[8] LIAN J, YUDINTSEV S V, STEFANOVSKY S V, et al. Ion beam irradiation of U-, Th- and Ce-doped pyrochlores[J]. Journal of Alloys & Compounds, 2007, 444(19): 429-433.

[9] 卢喜瑞，崔春龙，宋功保，等. 人工模拟锆英石对锕系元素固化性能研究[J]. 中国稀土学报，2010，28(5)：619-625.

[10] 崔春龙，卢喜瑞，张东，等. 锆英石对模拟核素 Ce^{4+} 的固化能力[J]. 原子能科学技术，2010，44(10)：1168-1172.

[11] 卢喜瑞，崔春龙，宋功保，等. 锆英石基 An^{4+} 放射性核素固化体性能研究[J]. 中国环境科学，2011，31(6)：938-943.